DAS GROSSE KNOTEN BUCH

ISBN 978-3-8094-4901-0
3. Auflage 2026

produktsicherheit@penguinrandomhouse.de
(Vorstehende Angaben sind zugleich Pflichtinformationen nach GPSR.)

Das Werk erschien erstmals 2020 in Großbritannien bei Modern Books, einem Imprint von Elwin Street Productions Limited, 10 Elwin Street, London E2 7BU, United Kingdom (www.elwinstreet.com) unter dem Titel How to tie knots

Umschlaggestaltung: Penguin Random House Verlagsgruppe unter Verwendung des Originalcovers
Übersetzung: Dr. Ulrike Kretschmer, München
Redaktion und Producing: Dr. Alex Klubertanz, Haßfurt
Herstellung: Franziska Polenz
Projektleitung: Sibylle Lehmann

Penguin Random House Verlagsgruppe FSC® N001967

Printed in China

DAS GROSSE KNOTEN BUCH

Die 50 wichtigsten Knoten für Alltag und Outdoor

TIM MACWELCH

Bassermann

INHALT

EINFÜHRUNG

01 

DIE MUSS-JEDER-KENNEN-KNOTEN

02 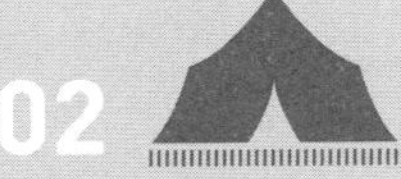

CAMPING- UND WANDERKNOTEN

03 

SEEMANNSKNOTEN

KLETTERKNOTEN

05

ANGELKNOTEN

MIT KNOTEN ARBEITEN

UNVERZICHTBARE HELFER

Die meisten Menschen verwenden Knoten jeden Tag. Wir binden uns die Schuhe, schnüren einen Müllsack zu, binden eine Krawatte, sichern eine Hundeleine, packen ein Geschenk ein oder verknoten Nähgarn – und meist tun wir das alles, ohne groß darüber nachzudenken. Unsere Finger bewegen sich automatisch, wie sie das schon tausend Mal zuvor getan haben. Doch halten Sie einmal inne und machen Sie sich die kunstvolle Fertigkeit, die Sie da verrichten, bewusst!

Das Knotenknüpfen war schon immer eine wichtige Fähigkeit, sei es nun beim Angeln, Zelten, Klettern oder Segeln. Viele Knoten, die unsere Vorfahren entwickelt haben, reichen bis in die Zeit vor der Geschichtsschreibung zurück und wurden von Generation zu Generation weitergegeben. Auch heute noch brauchen wir Knoten, trotz der Erfindung von Klettverschlüssen, Metallschließen, Klebeband, Sekundenkleber & Co. In bestimmten Berufen kommt man ohne den richtigen Knoten an der richtigen Stelle gar nicht aus.

Während die meisten wissen, wie man zwei oder drei grundlegende Knoten knüpft, gibt es andere mit einem großen Repertoire an Knoten, die verstehen, wie wichtig die Wahl des richtigen Knotens sein kann. Wer Knoten knüpfen kann, ist autark, und mit etwas Übung geht dies nicht nur effektiver von der Hand, die Knoten werden dabei auch immer sicherer. Fragen Sie mal einen Angler, was er ohne Angelknoten tun würde, einen Feuerwehrmann oder einen Kletterer, wie wichtig ein Knoten sein kann, wenn buchstäblich das Leben eines Menschen daran hängt. Auch im Zeitalter der Raumfahrt brauchen wir die uralte Fähigkeit des Knotenknüpfens, um uns zu versorgen oder zu schützen, um Dinge zu bewegen oder an ihrem Platz zu halten.

Zudem hat das Knotenknüpfen auch weniger offensichtliche Vorteile. Das Erlernen neuer Knoten verbessert die Auge-Hand-Koordination und stärkt unsere Fähigkeit, Probleme zu lösen. Es kräftigt die Finger, und steigert Kreativität sowie Eigenständigkeit. Und wer weiß: Vielleicht hilft Ihnen Ihr Knotenwissen eines Tages aus einer brenzligen Situation. Das Beste daran ist, dass jeder lernen kann, Knoten zu knüpfen. Die Knoten in diesem Buch können vielfach im Alltag angewendet werden oder sind nützlich für verschiedene Outdoor-Aktivitäten jeder Art. Sie lernen sogar, wie man aus Seilen etwas bauen kann. Konzentrieren Sie sich auf die Details, gehen Sie Knoten für Knoten vor und vor allem: Haben Sie Spaß dabei!

Natürlich kommen Sie auch mit nur wenigen Knoten im Leben zurecht – irgendwie. Viel besser ist es jedoch, wenn Sie so viele Knoten wie möglich erlernen und üben! Je mehr Knoten Sie kennen, desto mehr Optionen haben Sie im Alltag und in Notfallsituationen. Erlernen Sie die Knoten also gut, nehmen Sie auf Ihren nächsten Ausflug ein Seil mit und rüsten Sie sich so für potenzielle Herausforderungen.

Viel Glück und viel Spaß beim Knotenknüpfen,

Tim MacWelch

DIE WAHL DES SEILS

Es gibt heute so viele Arten von Seilen, Leinen, Stricken und Schnüren, wie es Knoten gibt, sie zu binden. Es ist sehr wichtig, das richtige Seil für die anstehende Aufgabe auszuwählen und den entsprechenden Knoten damit zu knüpfen. Mit einigen Seilen und Materialien kann man jeden Knoten knüpfen, mit anderen nur wenige sehr spezielle.

Seile werden meist auf eine von zwei verschiedenen Arten hergestellt. Am weitesten verbreitet ist das spiralförmige gedrehte Seil. Es besteht aus mindestens zwei Strängen, die in entgegengesetzten Richtungen umeinandergewickelt werden (damit sie sich nicht wieder »ent-wickeln«). Diese Seile können rasch aus gröberen Materialien entweder von Hand oder mit einfachen Maschinen gefertigt werden und sind deshalb meist preiswert. Man kann gedrehte Seile auch aneinanderfügen.

Moderner sind geflochtene Seile, sie werden heute häufig verwendet. Ihre Herstellung ist etwas aufwendiger, da die Faserbündel über- und untereinandergeschlungen werden, sodass ein fester, röhrenförmiger Zopf entsteht. Beim Flechten von Seilen kommen verschiedene Techniken zum Einsatz; manche haben einen Füllkern oder gedrehte Stränge in der Mitte. Unter Reibung sind geflochtene Seile viel strapazierfähiger. Bestehen sie aus synthetischen Materialien, was heute meist der Fall ist, sind sie auch wetterbeständiger. Ihr einziger Nachteil: Sie können nicht aneinandergefügt werden.

TIPP

Besteht das Seil aus synthetischen Materialien, können die abgeschnittenen Enden geschmolzen werden – so dreht sich das Seil nicht auf. Allerdings können dabei auch scharfe Ränder entstehen, an denen man sich verletzen kann. Sicherer ist es, die abgeschnittenen Enden mit Klebeband oder einer Schnur zu umwickeln.

NATURFASERSEILE

Früher gab es nur Seile aus Naturfasern. Ihre Hauptvorteile sind die nachhaltige Herstellung und Entsorgung (sie bauen sich rasch biologisch ab). Dafür sind sie allerdings anfällig für UV-Strahlung, Schimmel, Mehltau und Feuchtigkeit. Und werden sie feucht, neigen sie dazu, sich zusammenzuziehen und zu versteifen, wodurch man einmal geknüpfte feste Knoten kaum mehr lösen kann.

Baumwolle: Hier werden weiche Baumwollfasern zu einem Garn gesponnen. Dieses wird zu einem Baumwollseil geflochten, das für leichte Belastungen geeignet ist, z. B. als Wäscheleine. Für schwere Lasten, Reibung oder plötzliche Erschütterungen ist es nicht vorgesehen. Das Baumwollseil ist das einzige Naturseil, das üblicherweise geflochten wird, die anderen werden gedreht.

Jute: Juteseile wirken oft zottig. Dünnere Jutestricke sind meist dreilagig, es gibt aber auch dickere. Jute ist eher für das Handwerk bestimmt als für die praktische Verwendung, wenngleich Abenteurer immer ein kurzes Stück Jutestrick zum Feueranzünden dabeihaben: Die kurzen Stücke lassen sich leicht in einzelne Fasern aufdröseln, die gut brennen.

Manilahanf: Das Wort »Hanf« ist irreführend, wird das Manilaseil doch aus der Abacá-Pflanze gefertigt, einer auf den Philippinen angebauten Bananenverwandten. Manilaseile sind robuster als Baumwoll- oder Juteseile und eignen sich gut zum Zelten.

Sisal: Sisalseile werden aus der Faser einer im südlichen Mexiko heimischen Agavenart hergestellt. Heute werden die Pflanzen in vielen Ländern kommerziell angebaut, die kräftigen Fasern kommen meist als Schnüre zum Binden von Heuballen zum Einsatz. Sisalseile sind salzwasserbeständiger als einige andere Naturfaserseile.

Hanf: Die weichen, flexiblen Hanfseile werden aus industriellem Hanf gefertigt. Sie sind tatsächlich stabiler und verrottungsbeständiger als die meisten anderen Naturseile. Sehr häufig verwendet wurden sie im Zeitalter der großen Segelschiffe – vom Takelwerk bis zum Ankerseil.

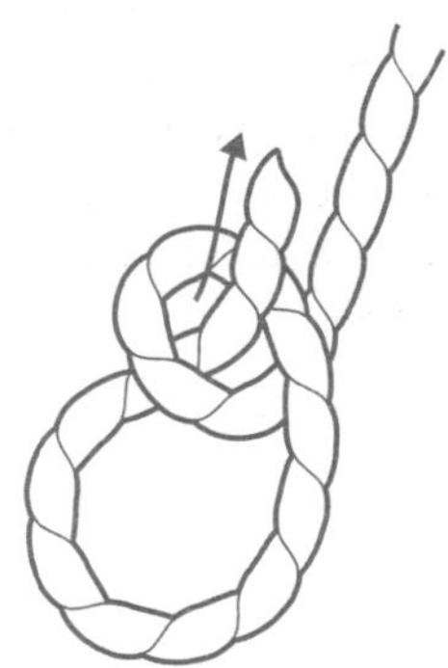

SYNTHETISCHE SEILE

Synthetische Seile werden aus unterschiedlichen Ausgangsmaterialien her- und auf mehrere Weisen fertiggestellt. Es gibt verschiedene Flechtarten, die Seile gibt es mit und ohne Kern. Manche synthetischen Seile werden auch gedreht. Ihre Hauptvorteile sind Stärke, Verrottungsbeständigkeit und die Nutzbarkeit am Wasser.

Polypropylen: Polypropylenseile sind sehr leicht und eignen sich hervorragend für die Verwendung am Wasser. Sie sind mehltauresistent und verrottungsfest, manche gehen im Wasser nicht unter. Die preiswerten Seile kommen häufig beim Segeln und beim kommerziellen Fischen zum Einsatz, sie haben jedoch auch Nachteile: Sie können sich längen, UV-Strahlung kann ihnen schaden und sie können sich durch Reibung leicht geschwächt werden.

Nylon: Die robusten und dehnbaren Nylonseile werden überwiegend zum Ziehen, Heben und Festbinden benutzt. Die Seile sind glatt, reibungsbeständig und kräftiger als solche aus Polypropylen. Zudem macht ihnen UV-Strahlung nichts aus. Die meisten Kletterseile bestehen aus Nylon. Da es Wasser aufnimmt und schwer wird, wenn es nass ist, eignet sich das Nylonseil besser für die Verwendung im Trockenen.

Polyester: Polyesterseile sind ausgezeichnete Allzweckseile, da sie gegen Verrottung, Abrieb und UV-Strahlung resistent sind. Häufig werden sie mit Nylonseilen verwechselt, sehr gut geeignet sind sie für Outdoor-Aktivitäten und Tätigkeiten am Wasser.

Kevlar: Die Synthetikfaser wurde 1965 erfunden und zur Herstellung von feuerfestem Stoff sowie kugelsicheren Westen eingesetzt. Kevlarseile sind robuster als Stahl, sie halten auch extrem hohe Temperaturen aus – ebenso wie extreme Kälte, Schnitte und Chemikalien. Sie dehnen sich nicht und nutzen sich nicht ab. Ihr einziger Nachteil besteht darin, dass sie sehr teuer sind und altern, wenn man sie dauerhaft der Sonne aussetzt.

EIN SEIL FERTIGEN

In einen Rucksack passen nun einmal nicht unendlich viele Dinge, und wer je in der Natur auf sich selbst gestellt war, weiß, wie beunruhigend es ist, wenn man das letzte Stück Seil aufgebraucht hat. Zum Glück stehen uns viele Synthetik- und auch natürliche Fasern zur Verfügung, die sich zu einem Seil drehen lassen.

Das Ausgangsmaterial

Die am einfachsten zugängliche Materialien für ein selbst gedrehtes Naturseil dürften die Innenrinde von Bäumen oder die Stängel von Brennnesseln sein. Man kann jedoch auch lange Haare, getrocknete Tiersehnen, Lederstreifen oder getrocknete Därme verwenden. Zu Hause eignen sich Stoff- oder Plastikstreifen, um daraus ein Seil zu drehen. Das Material muss nur kräftig, biegsam und lang sein.

Das Drehen

Maschinen können aus einer beliebigen Anzahl von Fasersträngen ein Seil drehen, dreht man es jedoch von Hand, sind zwei Stränge am sinnvollsten. Diese werden dann gegeneinander gedreht, d. h., dreht man den einen Strang in die eine Richtung, muss man den anderen in die entgegengesetzte Richtung drehen.

SO WIRD'S GEMACHT

1. Ein langes Bündel Pflanzenfasern so in die Hand nehmen, dass die Länge in ein und zwei Drittel geteilt wird. Es ergibt sich also ein kurzer und ein langer Strang.

Den kurzen Strang nun drehen: Die Fasern fest in der linken Hand halten und mit der rechten Hand drehen. Ich drehe normalerweise im Uhrzeigersinn, aber das bleibt Ihnen überlassen. Nach ein paar Umdrehungen bildet sich eine kleine Schlaufe.

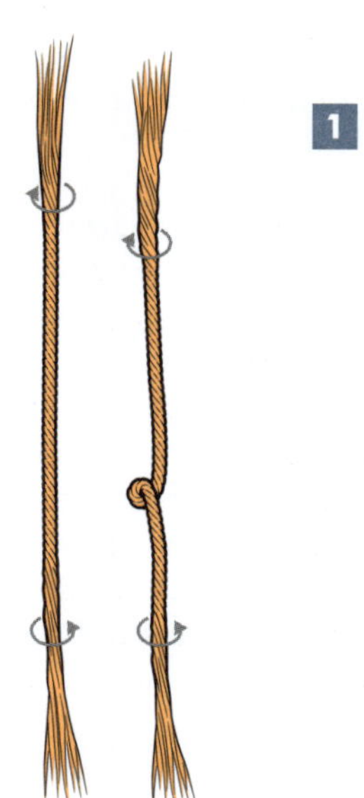

1

2. Die Schlaufe zwischen Daumen und Zeigefinger der linken Hand nehmen. Der kurze Strang des Faserbündels beträgt noch immer ein Drittel der Gesamtlänge, der lange Strang zwei Drittel.

Den kurzen Strang halten Sie weiterhin in der rechten Hand zwischen Daumen und Zeigefinger und verdrillen ihn nun noch einmal mit sich selbst im Uhrzeigersinn.

3. Nun legen Sie den kurzen Strang über den langen Strang nach unten (womit Sie die beiden Stränge gegen den Uhrzeigersinn verdrehen). Nehmen Sie den langen Strang nun zwischen Daumen und Zeigefinger der rechten Hand und verdrillen Sie ihn im Uhrzeigersinn. Dann legen Sie ihn wieder (gegen den Uhrzeigersinn) über den kurzen Strang nach unten.

4. Und mit diesen Schritten fahren Sie nun einfach fort: Im Wechsel den kurzen oder langen Strang im Uhrzeigersinn in sich verdrillen, dann gegen den Uhrzeigersinn übereinander legen. Dabei das gesamte Bündel mit der linken Hand immer an der Stelle festhalten, an der gedreht wird. Im Handumdrehen (!) werden Sie ein Stück zweilagiges Seil in der linken Hand halten.

5. Ist der kurze Strang verbraucht, ein neues Faserbündel in derselben Dicke zur Hand nehmen. Die Fasern am Ende jedes Bündels aufdröseln; das beste Ergebnis erzielt man, wenn man sie spitz zuschneidet. Nun die Faserbündel zu einem Spleiß ineinanderschieben. Den gespleißten Bereich mit Wasser befeuchten, wenn die Fasern nicht von allein zusammenkleben.

5

6. Die Spleiße sollten gestaffelt sein, wobei die nicht aufgedröselten Fasern des langen Strangs quasi als Verstärkung über den Spleiß dienen, wenn beide Stränge miteinander verdreht werden. So lange Faserbündel derselben Dicke hinzufügen und zu einem Seil drehen, bis die nötige Länge erreicht ist oder die Fasern ausgehen. Mit einem Überhandknoten (siehe S. 20) oder einem Takling (siehe S. 136) abschließen, damit sich das Seil nicht wieder aufdröselt.

6

DIE WICHTIGSTEN BEGRIFFE

Um sich dem komplexen Thema zu nähern und bevor Sie sich selbst ans Knotenknüpfen machen, ist es hilfreich, die wichtigsten Befestigungsarten mit den entsprechenden Begriffen kennenzulernen.

KNOTEN, VERBINDUNGSKNOTEN, FESTMACHERKNOTEN UND LASCHING

Knoten: Ein Knoten ist jede Art von Befestigung mittels Seilschleifen oder mittels Schleifen aus einem anderen biegsamen, seilähnlichen Material. Im Allgemeinen bildet ein Knoten in einem einzelnen Seil an sich eine Befestigung. Einmal geknüpfte Knoten behalten ihre Form, auch wenn sie nicht unter Spannung stehen.

Verbindungsknoten: Mit einem Verbindungsknoten verbindet man zwei Seile – beispielsweise um ein längeres Seil zu erhalten. Auch diese Knoten behalten ihre Form, wenn sie geknüpft sind.

Festmacherknoten: Mit einem Festmacherknoten befestigt man ein Seil an einem Gegenstand, meist an einem Baumstamm, einem Stock, einer Stange, einem Pfosten oder einem Ring. Die Knoten können beweglich oder fix sein, je nach Art des Festmacherknotens. Meist behalten sie nicht ihre Form, wenn sie nicht um etwas gewickelt sind oder unter Spannung stehen.

Lasching: Das Lasching ähnelt dem Festmacherknoten, wird aber meist benutzt, um mehrere Gegenstände festzuzurren. Die Knoten sind komplexer als Festmacherknoten und erfordern mehr Seil. Sichert man mit ihnen keine Schiffsladung, verwendet man sie für gewöhnlich, um etwas zu bauen.

KNOTEN, VERBINDUNGS- UND FESTMACHERKNOTEN

Loses Ende (Arbeitsende): Mit diesem Ende des Seils wird der Knoten geknüpft.

Stehender Part: Dies ist der Teil des Seils, der nicht ins Knüpfen des Knotens involviert ist. Am Ende des stehenden Parts befindet sich das feste Ende, also der Teil des Seils, der am weitesten vom losen Ende entfernt ist.

Schlaufe (auch Auge genannt): Dieser geschlossene Seilring (die Seilenden kreuzen sich) ist die Grundlage vieler Knoten und Befestigungen.

Schlinge: Bei einer Schlinge (lose Ringform, die sich zuziehen kann) schlingt sich das Seil um oder durch einen Gegenstand, also z. B. um einen Pfosten oder durch einen Ring.

Schleife (auch Bucht genannt): Die Schleife ist eine »Haarnadelkurve« im Seil. Beide Seiten der Schleife bleiben parallel zueinander, sie überkreuzen sich nicht (wie bei einer Schlaufe).

Ausrichten: Beim Ausrichten wird der Knoten noch einmal geordnet, bevor er festgezogen wird.

Festziehen: Wird der Knoten nicht richtig festgezogen, kann er sich lockern oder lösen.

LASCHING

Umwickelung: Schlaufen um die Gegenstände, die festgezurrt werden sollen.

Festzurren: Dies geschieht durch Schlaufen um die Umwickelung. Weil die Umwickelungen dabei noch einmal komprimiert werden, gibt das Festzurren der ganzen Konstruktion zusätzlichen Halt.

Aufsteckschlingen: Mit ihnen kann man z. B. drei Stangen oder Pfosten aneinanderzurren. Sie verlaufen senkrecht zu den Schlaufen zum Festzurren und zwischen den Stangen oder Pfosten entlang.

ALLGEMEINE BEGRIFFE

Spleißen: Dabei dröselt man die Enden zweier Seile auf, um sie anschließend ineinanderzuschieben. So kann man zwei Seile verbinden oder ein Auge ins Seil machen.

Kernmantelseil: Diese Seile bestehen aus einem geflochtenen Polyestermantel um einen gleichlaufenden Nylonkern herum. Sie kommen in erster Linie bei Rettungsaktionen und beim Freizeitklettern zum Einsatz.

01

DIE MUSS-JEDER-KENNEN-KNOTEN

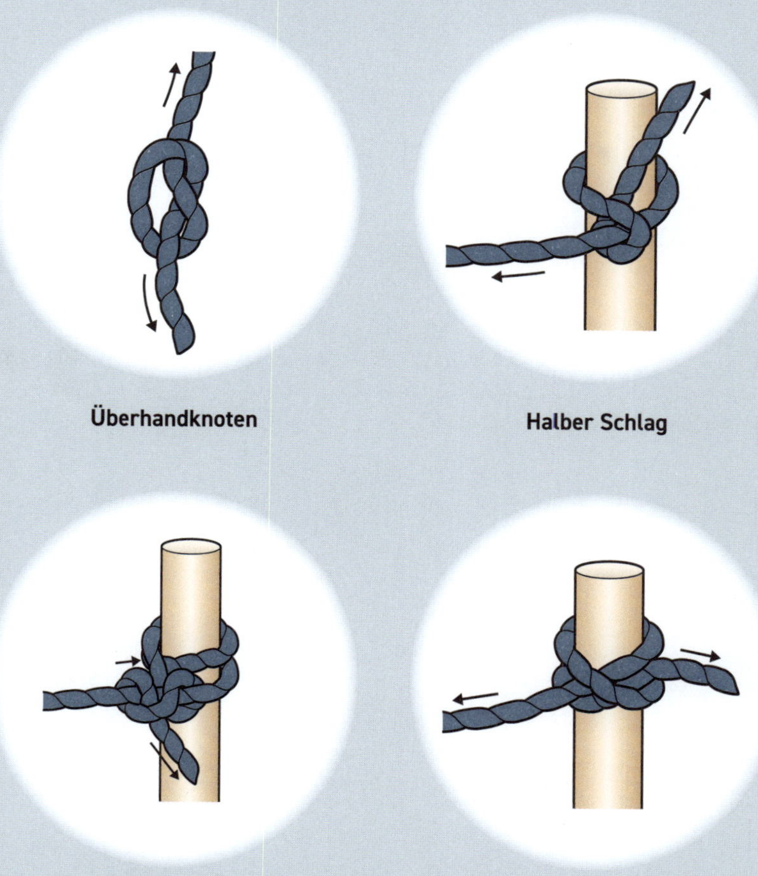

Überhandknoten

Halber Schlag

Zwei Halbe Schläge

Mastwurf: Über den Gegenstand

Es ist schwierig, irgendetwas ohne ein solides Fundament zu bauen, und das trifft auch auf das Knüpfen von Knoten zu. Ohne die Basics ist es sehr schwierig und frustrierend, die komplizierteren Knoten in diesem Buch zu erlernen. Vielleicht wirken die ersten elf Knoten, Verbindungs- und Festmacherknoten in diesem Buch allzu simpel, doch wäre es ein Fehler, sie zu über-

Mastwurf: Um den Gegenstand

Achtknoten

Kreuzknoten

Palstek

springen. Einige der Knoten im ersten Kapitel sind tatsächlich kinderleicht – was jedoch nicht bedeutet, dass sie unwichtig wären. Immerhin gehören sie zu den am häufigsten gebrauchten Knoten und bilden die unverzichtbare Grundlage für viele weitere Befestigungen. In meinem Camp in der Wildnis kann man Abdeckplanen sehen, die an den Ecken von Schotsteks oben gehalten werden (nachdem ein Sturm die Ösenringe aus Metall

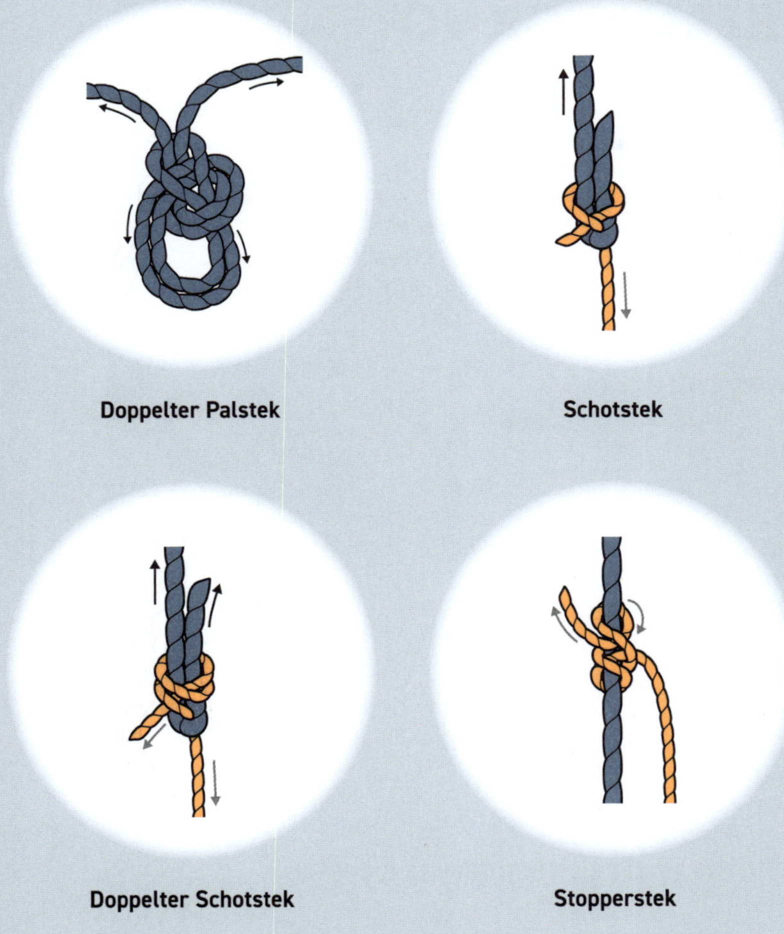

Doppelter Palstek

Schotstek

Doppelter Schotstek

Stopperstek

herausgerissen hat). Man kann gerissene Seile sehen, die mit einem Kreuzknoten wieder zusammengefügt wurden, es gibt verschieden verwendete Palsteks und Überhandknoten als Stopperknoten am Ende fast aller Seile oder Stricke (die verhindern, dass sie sich aufdröseln). Die ersten elf Knoten in diesem Buch sind keine Anfängerknoten – sie sind die Knoten, die wir wieder und wieder brauchen werden.

ÜBERHANDKNOTEN

DER EINFACHSTE STOPPERKNOTEN

Der Knoten eignet sich gut für Anfänger, zudem ist er ungeheuer nützlich. Er wird häufiger als jeder andere Knoten geknüpft. Man kann die Enden abgeschnittener Seile damit davor bewahren, sich aufzudröseln, oder ihn beim Knüpfen anderer Knoten ins lose Ende des Seils einfügen.

SO WIRD'S GEMACHT

1. Das Ende eines Seils zur einer Schlaufe legen.

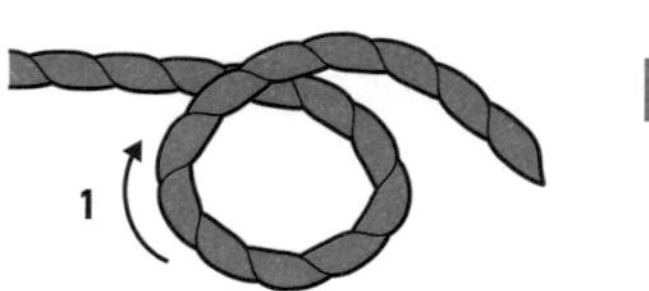

2. Das lose Ende des Seils von außen durch die Schlaufe führen.

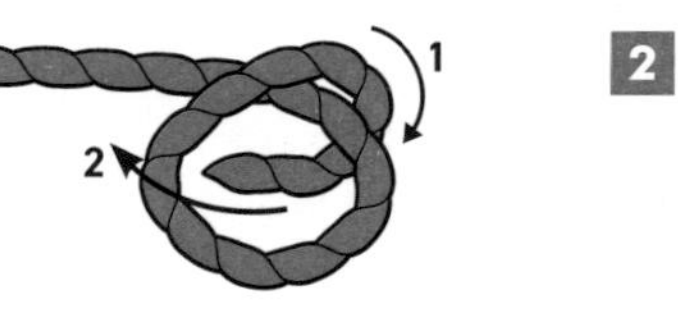

3. An losem Ende und stehendem Part des Seils ziehen, um den Knoten festzuziehen.

DAFÜR EIGNET SICH DER ÜBERHANDKNOTEN

- Der Überhandknoten ist einer der einfachsten Stopperknoten, mit denen man andere Knoten sichern kann. Dafür zunächst den komplexeren Knoten knüpfen und dann einen Überhandknoten ins lose Ende des Seils knüpfen – so nah wie möglich am anderen Knoten.

- Sollte sich der komplexere Knoten lösen, hindert ihn der Überhandknoten daran, sich komplett aufzulösen. Es gibt zwar größere und bessere Stopperknoten, doch nur wenige, die so rasch und so nah an einem anderen Knoten geknüpft werden können.

HALBER SCHLAG

DER GRUNDBAUSTEIN VIELER FESTMACHERKNOTEN

Der Halbe Schlag an sich hält zwar nichts zuverlässig, ist aber eine wichtige Grundlage für komplexere Knoten, die er seinerseits stabil macht.

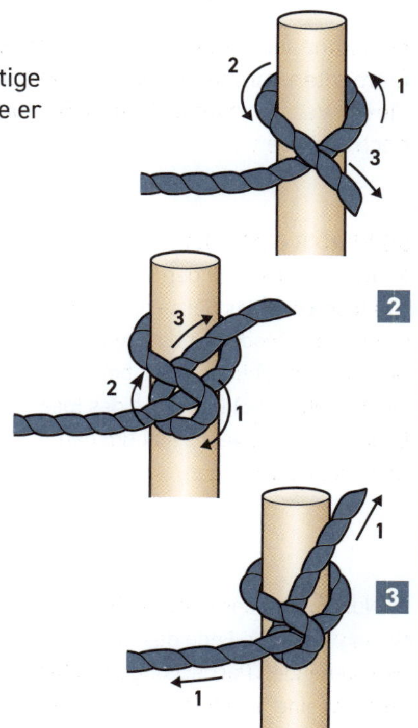

SO WIRD'S GEMACHT

1. Das lose Ende des Seils um einen Pfosten, Ring, Baum oder anderen Gegenstand schlingen. Dabei kreuzt es sich selbst und bildet eine vollständige Schlaufe.

2. Das lose Ende in die Hand nehmen und um den stehenden Part des Seils eine zweite Schlaufe bilden.

3. Die zweite Schlaufe im Halben Schlag am Gegenstand festziehen.

DAFÜR EIGNET SICH DER HALBE SCHLAG

· Die wichtigste Verwendung für diesen Festmacherknoten besteht in seiner Eigenschaft als Grundbaustein für andere Festmacherknoten.

· Der Halbe Schlag an sich hält nicht viel, selbst wenn er mit einem dicken Seil mit großer Reibung geknüpft wird. Mit ihm kann man Pferde anbinden, die nicht die Absicht haben wegzulaufen – die Methode wirkt eher psychologisch als körperlich. Denkt das Pferd, es sei fest angebunden, zieht es nicht so sehr am Seil.

ZWEI HALBE SCHLÄGE

SICHERE BEFESTIGUNG EINES SEILS AN EINEM PFOSTEN

Man kann viele Halbe Schläge übereinanderlegen oder sie mit anderen Elementen kombinieren, um eine robuste Befestigung zu schaffen. In dieser Version zweier Halber Schläge macht eine Schlinge die Sache noch sicherer.

SO WIRD'S GEMACHT

1. Wir beginnen mit der Schlinge: Das lose Ende des Seils einmal um einen Pfosten oder einen ähnlichen Gegenstand schlingen, wie bei einem Halben Schlag. Dann das lose Ende noch ein zweites Mal um den Gegenstand schlingen.

1

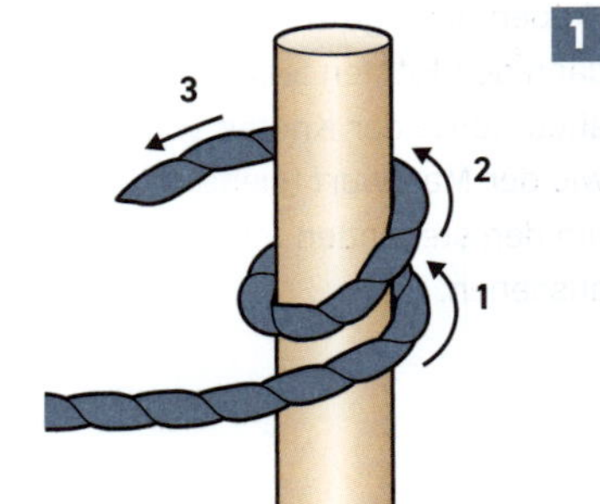

2. Nun kommt der erste Halbe Schlag: Das lose Ende des Seils um den stehenden Part schlingen; dabei entsteht eine Schlaufe, die das lose Ende wieder an den Pfosten bringt. Den Knoten nun ausrichten.

2

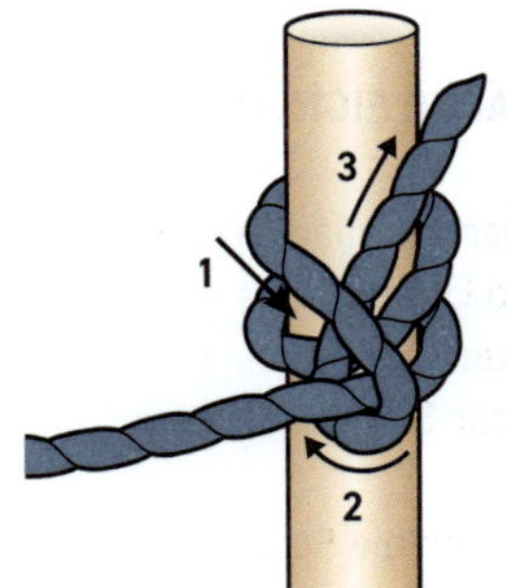

TIPP: EXTRASICHERUNG

Sind die zwei Halben Schläge gesichert, kann der zweite wiederholt werden, damit man drei Halbe Schläge erhält. So bietet der Knoten noch mehr Sicherheit, etwa beim Errichten eines Unterschlupfs in der Wildnis oder beim Aufhängen selbst gebastelter Hängematten. Dieselbe Wirkung hat ein Überhandknoten (siehe S. 20) im losen Ende eng am zweiten Halben Schlag.

3. Anschließend einen zweiten Halben Schlag um den stehenden Part des Seils knüpfen; dabei in dieselbe Richtung arbeiten wie beim ersten Halben Schlag.

3

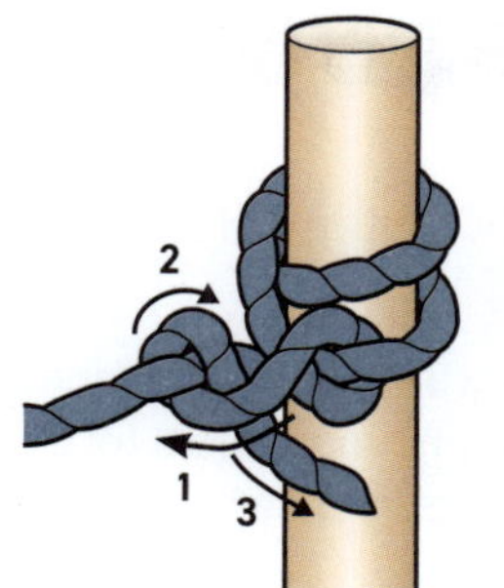

4. So ausrichten, dass die beiden Halben Schläge eng aneinanderliegen, dann den Knoten festziehen. Stimmt alles, sollte der Knoten von der Seite wie der Mastwurf (siehe S. 24f.) um den stehenden Part des Seils aussehen.

4

DAFÜR EIGNEN SICH ZWEI HALBE SCHLÄGE

• Der Festmacherknoten eignet sich für Zelte und Unterstände mit Abdeckplane. Um einen Baum oder an einem Pfahl im Boden kann er sogar Stürmen trotzen.

• Durch die Schlinge kann man die Spannung am Seil beim Knüpfen der Knoten halten. Das ist vor allem beim Segeln hilfreich, etwa beim Sichern einer Halteleine (Festmacher).

• Wird ein Ring benutzt, durch den das Seil nicht zweimal durchpasst, können die zwei Halben Schläge auch ohne Schlinge geknüpft werden.

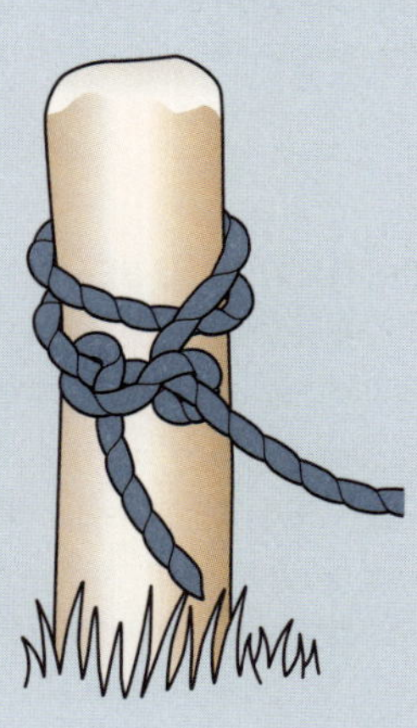

MASTWURF

BEFESTIGUNG AN EINEM BAUMSTAMM, BAUM ODER PFOSTEN

Der Mastwurf, auch bekannt als Webeleinen- oder Webleinstek, lässt sich rasch knüpfen und leicht lösen. Gewichte hält er nicht, weshalb er sich auch nicht zum Sichern von Menschen oder Gegenständen eignet.

SO WIRD'S GEMACHT (ÜBER DEN GEGENSTAND)

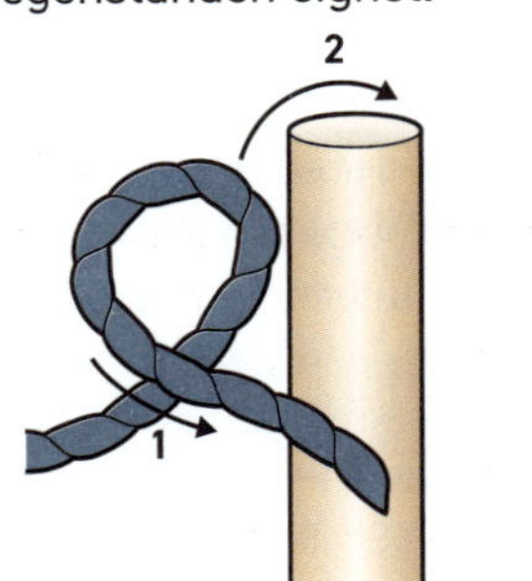

1. Kann man über den Pfosten oder Baumstamm greifen, das lose Ende des Seils zu einer Schlaufe formen und diese um den Pfosten legen.

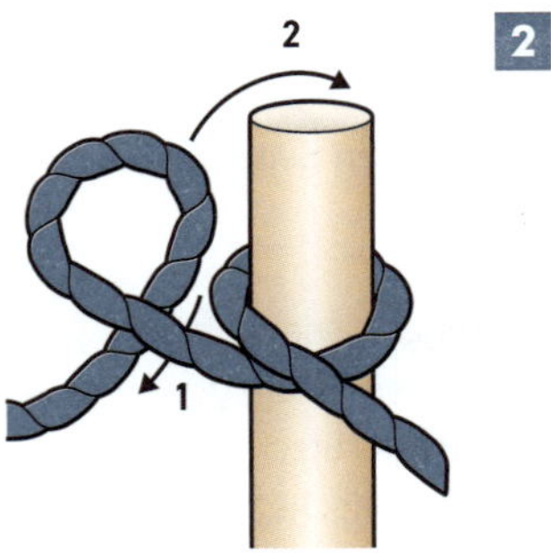

2. Eine zweite, identische Schlaufe formen. Diese ebenfalls um den Pfosten legen, über die erste Schlaufe.

3. Den Knoten ausrichten und festziehen.

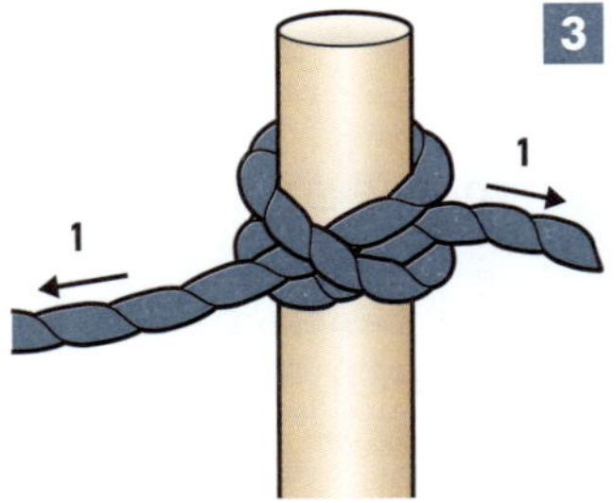

TIPP: DAS IST ZU BEACHTEN

Der übereinanderliegende Teil dieses Festmacherknotens kann sich an jeder beliebigen Seite des Pfostens befinden – nur nicht in der Richtung, in die die Last zieht. Wird das Seil beispielsweise nach Süden gezogen, sollte sich der übereinanderliegende Teil im Norden, Osten oder Westen befinden. Läge er im Süden, würde das Seil am übereinanderliegenden Teil ziehen und den Knoten lösen.

SO WIRD'S GEMACHT (UM DEN GEGENSTAND)

1. Kann keine Schlaufe über den Gegenstand gelegt werden, etwa bei einem Baum, wird das lose Ende des Seils um den Gegenstand geschlungen.

2. Dann das lose Ende ein zweites Mal darum schlingen, wobei das Seil unterhalb der ersten Schlaufe läuft, und unter diese stecken.

3. Den Knoten so ausrichten, dass die beiden Schlaufen auf der einen Seite des Gegenstands etwas Abstand zueinander haben und loses Ende sowie stehender Part des Seils auf der anderen Seite parallel zueinander liegen.

Achtung: Dieser Knoten hält deutlich besser mit einem groben Naturseil als mit einem rutschigen synthetischen Seil. Bei falscher Verwendung wird der Mastwurf gefährlich.

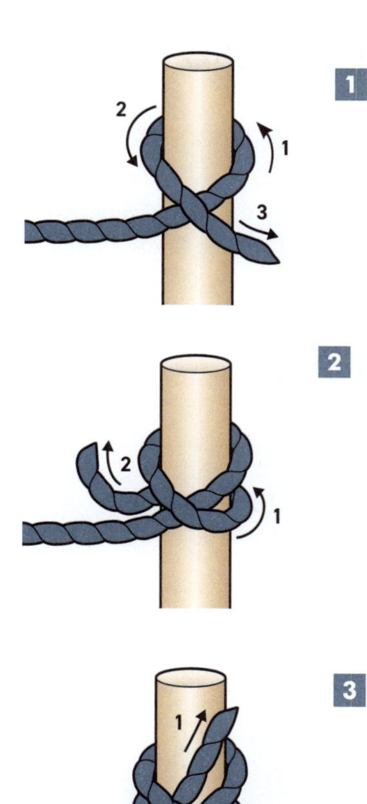

DAFÜR EIGNET SICH DER MASTWURF

- Am besten verwendet man den Mastwurf beim Lasching (siehe S. 60–67). Dabei werden Stangen und andere Gegenstände aneinandergezurrt, um sie zu sichern, wobei der Mastwurf im Allgemeinen den Anfang der Befestigung macht.

ACHTKNOTEN

RASCHER STOPPER- UND GRUNDLAGE VIELER ANDERER KNOTEN

Der Achtknoten gibt einen hervorragenden einsträngigen Stopperknoten ab. Er bildet die Basis einer ganzen Familie von Knoten, die am häufigsten beim Klettern sowie bei Rettungsaktionen zum Einsatz kommen.

SO WIRD'S GEMACHT

1. An einem Ende des Seils eine Schleife formen und die Schleife an der Basis drehen, sodass eine Schlaufe entsteht. Es kann im oder gegen den Uhrzeigersinn gedreht werden.

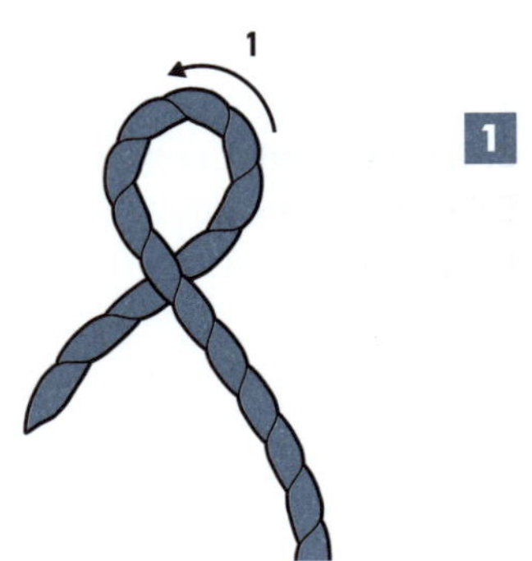

1

DAFÜR EIGNET SICH DER ACHTKNOTEN

- Beim Segeln und Klettern eignet sich der Achtknoten sehr gut als leicht zu knüpfender Stopperknoten am Ende eines Seils; zudem lässt er sich leichter lösen als ein fest geknüpfter Überhandknoten.

- Können Sie den Achtknoten auswendig, ist das Knüpfen von Kletter- und Rettungsknoten wie dem Achtknoten mit Schlaufe (siehe S. 94f.) viel leichter.

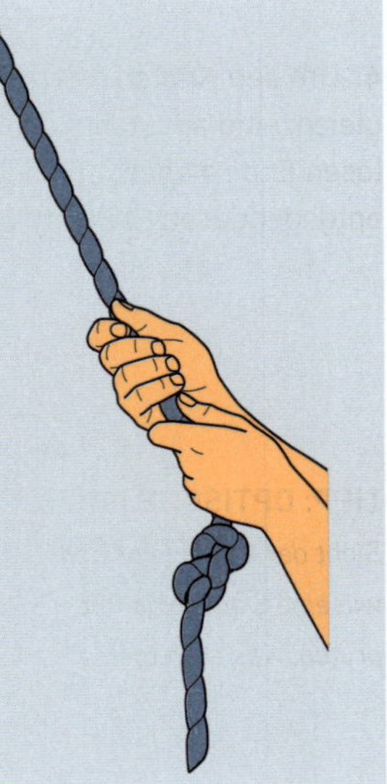

2. Nun das lose Ende über den stehenden Part legen, um eine zweite Schlaufe zu formen.

2

3. Das lose Ende durch die erste Schlaufe führen. Nun ähnelt der Knoten der Zahl 8.

3

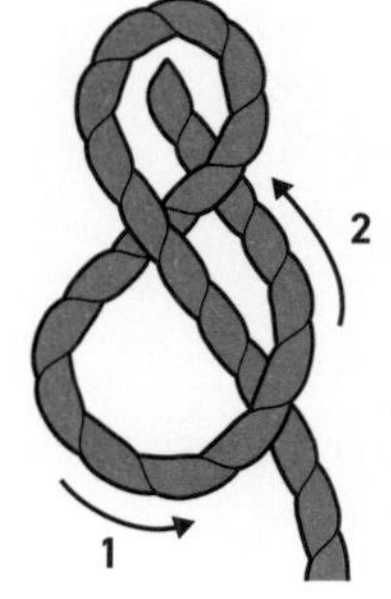

4. Um den Knoten festzuziehen, gleichzeitig am stehenden Part und losen Ende ziehen, und zwar in entgegengesetzte Richtungen.

4

TIPP: OPTISCHE PRÜFUNG

Sieht der Knoten vor dem Festziehen nicht wie eine 8 aus, einen Schritt zurückgehen und prüfen, was schiefgelaufen ist.

KREUZKNOTEN

METHODE ZUM VERBINDEN ZWEIER GLEICH STARKER SEILE

Der Kreuzknoten ist technisch gesehen ein Verbindungsknoten und eine einfache Möglichkeit, zwei gleich starke Seilstücke miteinander zu verbinden.

SO WIRD'S GEMACHT

1. Mit dem losen Ende eines Seils eine Schleife legen, die dem Buchstaben J ähnelt. Die Schleife flach auf der Hand halten, als läge sie auf einem Tisch.

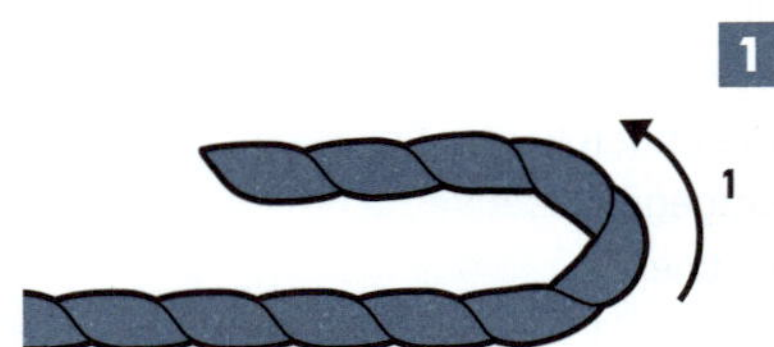

2. Das lose Ende des anderen Seils von unten nach oben durch die Schleife führen.

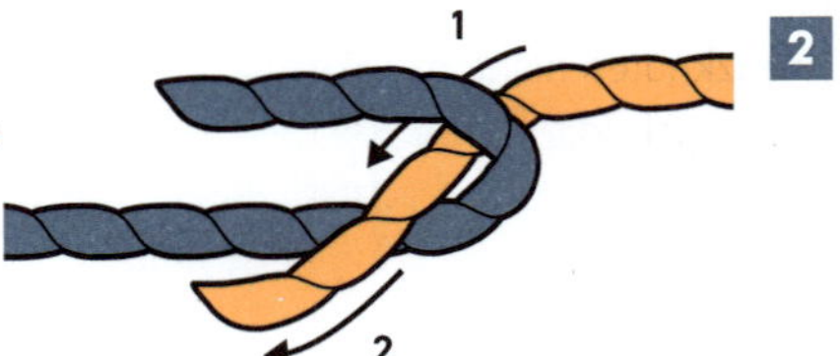

TIPP: ALTWEIBERKNOTEN

Befinden sich die Seilstränge am Ende nicht parallel zueinander und die kurzen losen Enden nicht auf derselben Seite, haben Sie keinen Kreuzknoten geknüpft. Viele biegen beim zweiten Teil dieses Knotens gewissermaßen falsch ab und knüpfen so einen Altweiberknoten, bei dem sich die kurzen losen Enden zum Schluss senkrecht zum stehenden Part befinden.

3. Eine Schlinge um die gesamte Schleife formen. Dabei im oder gegen den Uhrzeigersinn vorgehen.

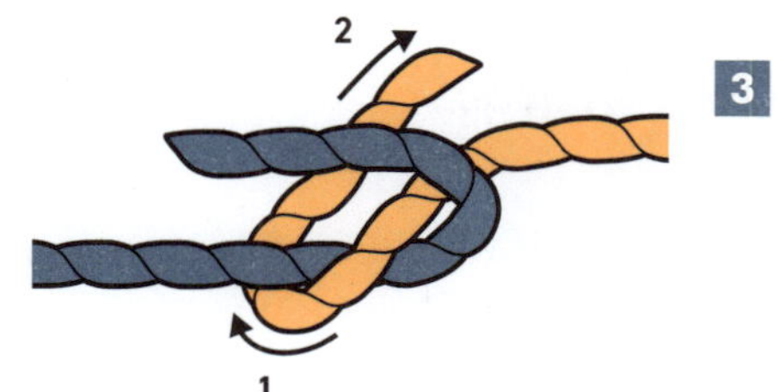

4. Das lose Ende des zweiten Seils wieder nach unten führen, über das lose Ende des ersten Seils und durch die Schleife. Die Enden beider Seile in entgegengesetzte Richtungen festziehen.

Achtung: Mit dem Knoten nur Seile gleicher Dicke und Beschaffenheit verbinden, ansonsten den Schotstek (siehe S. 34f.) verwenden. Für den Einsatz beim Klettern eignet sich der Kreuzknoten nicht, dafür ist er nicht sicher genug.

DAFÜR EIGNET SICH DER KREUZKNOTEN

- Mit dem Kreuzknoten kann man zwei gleiche Seile zu einem längeren Seil verbinden oder ein durchgeschnittenes Seil wieder zusammenfügen.

- Zudem kann man mit dem Knoten die Enden eines kurzen Seils miteinander verbinden, etwa um ein Bündel Feuerholz, das sich so leichter transportieren lässt.

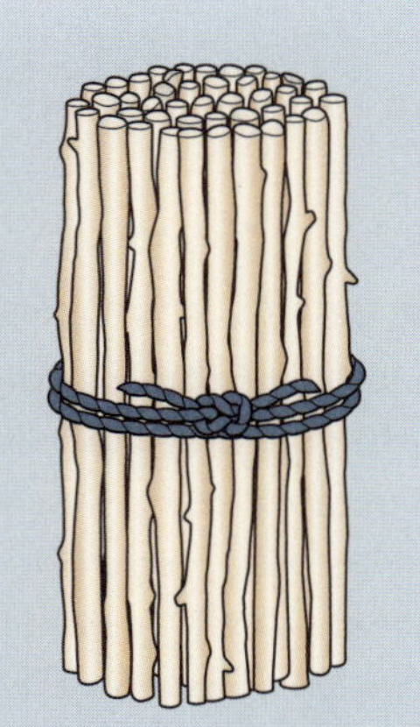

PALSTEK

ROBUSTE SCHLAUFE AN EINEM ENDE EINES SEILS

Der Palstek ist vor allem in Situationen nützlich, in denen man eine sichere Schlaufe am Ende eines Seils braucht. Die Größe der Schlaufe bestimmen Sie.

SO WIRD'S GEMACHT

1. Eine kleine Schlaufe am losen Ende des Seils formen, dabei aber noch so viel Seil übrig lassen, dass es für die Schlaufe zum Schluss reicht.

1

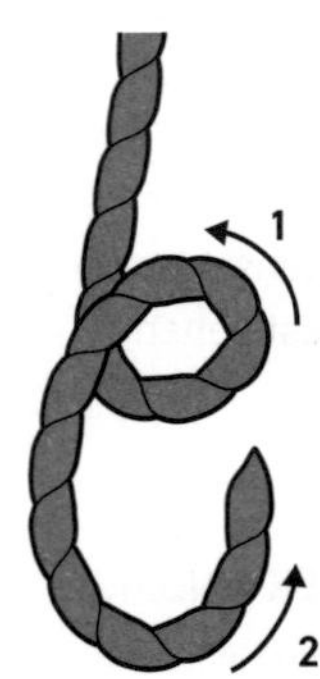

2. Das lose Ende durch die kleine Schlaufe nach oben führen.

2

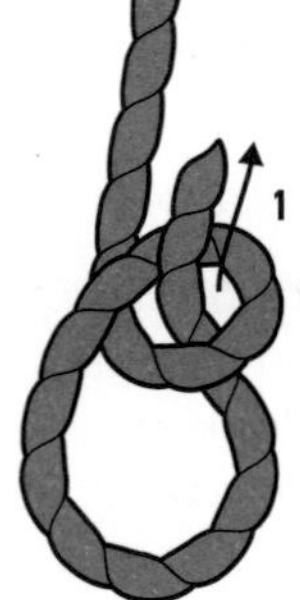

TIPP: DIE KANINCHENGESCHICHTE

Hier eine Eselsbrücke, um sich den Palstek zu merken: Vor einem Baum ein Loch graben (erste Schlaufe). Aus dem Loch taucht ein Kaninchen (loses Ende) auf, hüpft hinter den Baum (stehender Part) und verschwindet dann wieder im Loch. Anschließend reißt ein Riese (das sind Sie) den Baum aus der Erde: Mit der einen Hand halten Sie den Knoten, während Sie mit der anderen am stehenden Part ziehen.

3. Das lose Ende um den stehenden Part schlingen und durch die kleine Schlaufe wieder nach unten führen.

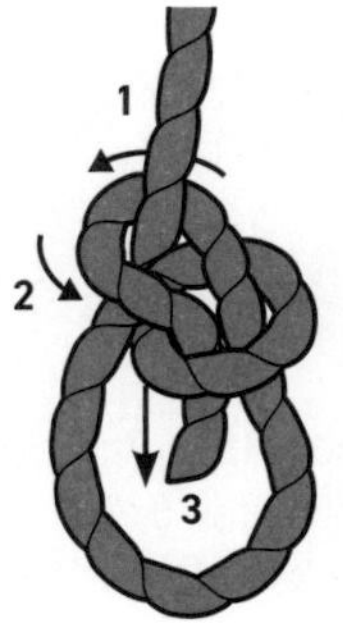

4. So ausrichten, dass der Knoten flach ist und einem auf dem Kopf stehenden Schotstek (siehe S. 34f.) ähnelt. Loses Ende und stehenden Part des Knotens in entgegengesetzte Richtungen festziehen.

TIPP: PALSTEK UND GEWICHT

Man kann diesen Knoten nur schwer knüpfen, während ein schweres Gewicht am stehenden Part hängt. Andererseits kann sich der geknüpfte Knoten lösen, wenn kein Gewicht am stehenden Part hängt oder wenn er mit einem steifen Seil geknüpft wurde.

DAFÜR EIGNET SICH DER PALSTEK

- Der Palstek ist rasch geknüpft und kann Schwimmern in Not das Leben retten.
- Über einen Pfosten oder Pfahl gelegt kann der Palstek ein Boot oder einen Unterschlupf sichern.
- Mit zwei Knoten dieser Art kann man zwei Seile miteinander verbinden. Dafür nacheinander knüpfen und dabei die Schlaufen miteinander verbinden.

DOPPELTER PALSTEK

PALSTEK MIT DOPPELSTRÄNGIGER SCHLAUFE

Mit dem Doppelten Palstek kann man in der Mitte des Seils – z. B. wenn das lose Ende des Seils nicht erreichbar ist – eine stabile, doppelsträngige Schlaufe knüpfen, die sich nicht löst.

SO WIRD'S GEMACHT

1. Mit dem Seil eine große Schleife bilden und diese mit einem sehr lockeren Überhandknoten (siehe S. 20) fixieren.

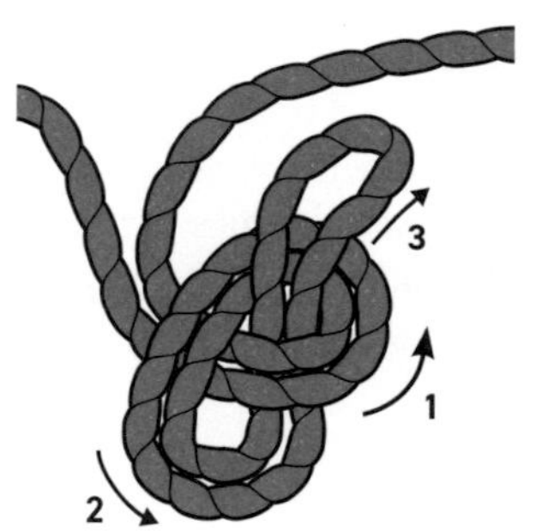

2. Der Überhandknoten sollte so locker sein, dass die Schlaufe die gewünschte Größe hat. Die Schleife öffnen.

TIPP: ALTERNATIVE KNOTEN

Der Doppelte Palstek ist nicht der einzige Knoten, der in der Mitte eines Seils geknüpft werden kann. Der Achtknoten (siehe S. 26f.) und der Schmetterlingsknoten (siehe S. 96f.) kommen dafür auch infrage.

3. Die geöffnete Schleife nun um den gesamten Überhandknoten legen.

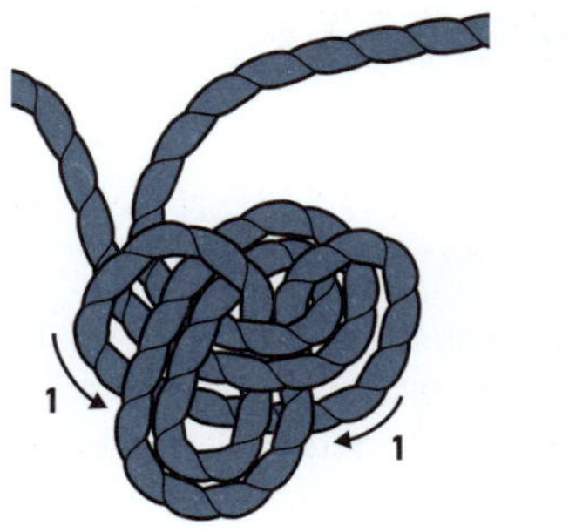

4. Die Schleife um die parallel verlaufenden Abschnitte des stehenden Parts herum zuziehen, um die feste Schlaufe zu bilden. Am Schluss den Knoten festziehen.

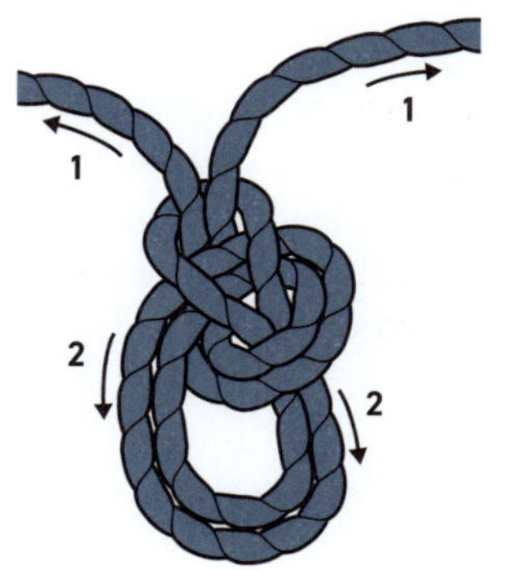

DAFÜR EIGNET SICH DER DOPPELTE PALSTEK

- Die Extraschlaufe bietet einen besseren Halt, wenn der Doppelte Palstek als Rettungsknoten benutzt wird.

- Macht man die doppelsträngige Schlaufe sehr groß, kann man sie an zwei verschiedenen Stellen des Körpers anbringen, z. B. an Oberschenkeln und Brust. Eine kleinere Schlaufe bietet Händen oder Füßen sicheren Halt.

- Die Doppelschlaufe eignet sich auch zum Anbinden, wenn sich die Stränge nicht zuziehen müssen.

SCHOTSTEK

VERBINDUNG ZWISCHEN ZWEI UNTERSCHIEDLICHEN SEILEN

Der Schotstek ist ein Verbindungsknoten, mit dem man zwei ungleich starke Seile verbinden kann. Die Seile können nicht nur unterschiedlich dick sein, sie können auch aus unterschiedlichen Materialien bestehen.

SO WIRD'S GEMACHT

1. Mit dem losen Ende des dickeren Seils eine Schleife bilden, die dem Buchstaben J ähnelt. Die Schleife flach in der Hand halten, als läge sie auf einem Tisch.

2. Das lose Ende des dünneren Seils von unten nach oben durch die Schleife führen.

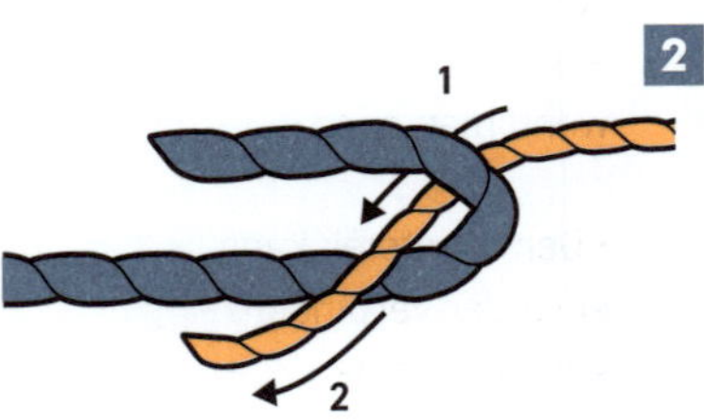

3. Nun eine Schlinge um die gesamte Schleife legen. Dabei im oder gegen den Uhrzeigersinn vorgehen.

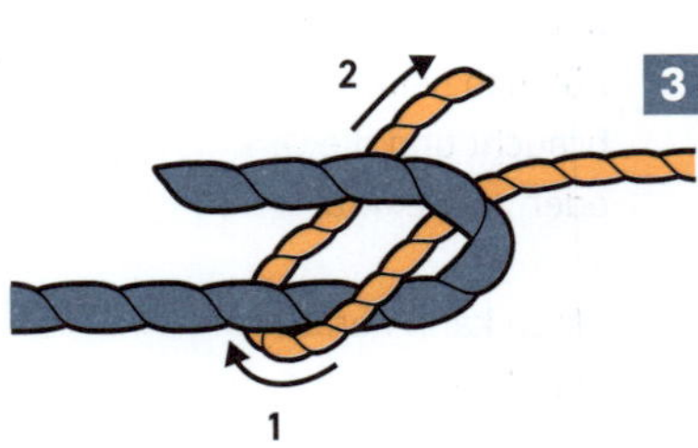

TIPP: EXTRASICHERUNG

Ein Stopperknoten am Ende des kleineren Seils verhindert, dass sich der Schotstek löst.

4. Das lose Ende des dünneren Seils unter sich selbst hindurch und über die Schleife führen.

5. Den Schotstek durch leichtes Ziehen am stehenden Part der beiden Seile ausrichten. Dann den Knoten durch stärkeres Ziehen festziehen.

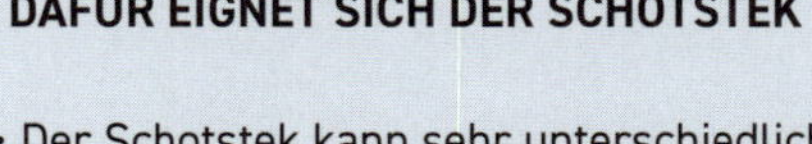

DAFÜR EIGNET SICH DER SCHOTSTEK

- Der Schotstek kann sehr unterschiedliche Seile, die man sonst nicht zusammenbringen könnte, miteinander verbinden – etwa ein daumendickes Seil mit einer sehr dünnen Leine –, wenn man noch einen Stopperknoten hinzufügt.

- Der Schotstek kann aber nicht nur zwei Seile miteinander verbinden, sondern beispielsweise auch ein Seil und den Zipfel eines Stücks Stoff oder einer Plane. Dafür den Zipfel seilähnlich formen und zu einer Schleife legen. Das kann recht nützlich sein, wenn man einen Unterschlupf braucht und die Ösen der Plane herausgerissen wurden oder zu klein für das Seil sind.

- Man kann den Schotstek auch in zwei Stoffzipfel knüpfen und den Stoff dann als Signalflagge hissen.

- Die Verwendungsmöglichkeiten dieses Knotens beim Zelten oder Überlebenstraining sind ungeheuer vielfältig.

DOPPELTER SCHOTSTEK

SICHERERE VERSION DES SCHOTSTEKS

Fühlt sich der einfache Schotstek nicht solide genug an, etwa beim Festbinden einer Plane oder in einem Notfall, bietet der Doppelte Schotstek mehr Halt und zusätzliche Sicherheit.

SO WIRD'S GEMACHT

1. Am Ende des dickeren Seils oder des Stoff- oder Planenzipfels eine j-förmige Schleife bilden. Die Schleife wie beim einfachen Schotstek flach in der Hand halten.

2. Das lose Ende des dünneren Seils von unten nach oben durch die Schleife führen.

3. Das lose Ende des dünneren Seils anschließend zweimal um die gesamte Schleife wickeln.

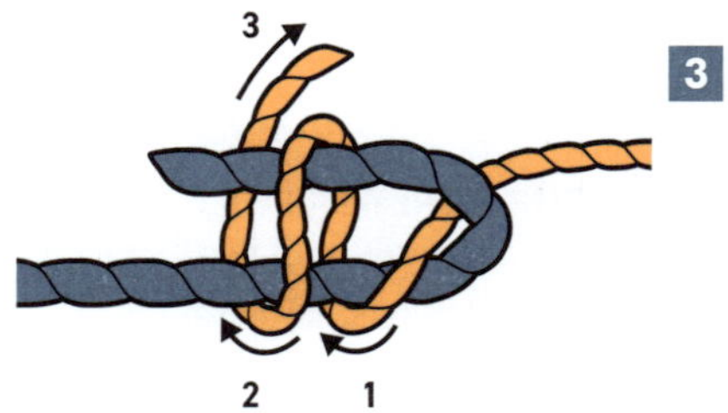

TIPP: EXTRASICHERUNG

Noch sicherer ist es, wenn man beim Doppelten Schotstek am losen Ende des dünneren Seils einen Stopperknoten wie den Stevedore-Knoten (siehe S. 48f.) knüpft. Diesen an den beiden Umwicklungen fest anziehen.

4. Das lose Ende unter den Umwicklungen über die Schleife führen.

5. Den Doppelten Schotstek durch Ziehen am stehenden Part der beiden Seile ausrichten, die beiden Umwicklungen ebenfalls ausrichten und den Knoten festziehen. Langsam belasten, damit sich die Schleife zuziehen kann.

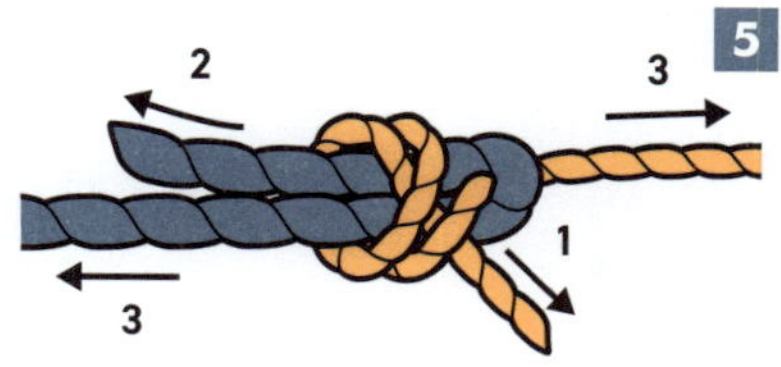

Achtung: Mit dem Doppelten Schotstek kann man fast alles miteinander verbinden. Er ist nützlich, wenn man sich einen Unterschlupf bauen will, hat aber auch in der Seefahrt eine lange Tradition. Ist das dünnere Seil jedoch zu dünn, kann sich der Knoten lösen.

DAFÜR EIGNET SICH DER DOPPELTE SCHOTSTEK

- Wie der einfache Schotstek kann auch der Doppelte Schotstek Seile miteinander verbinden, die sehr unterschiedlich sind; zudem kann er Seile mit anderen Materialien – Stoff oder Plastikplanen – verbinden.

- Der Doppelte Schotstek bietet mehr Sicherheit als der einfache Schotstek, braucht aber ein wenig mehr Seil.

STOPPERSTEK

DER FESTMACHERKNOTEN FÜGT GROBEN SEILEN EIN WEITERES SEIL HINZU

Dieser Knoten wird beim Segeln und Hundeschlittenfahrten schon seit Jahrhunderten genutzt. Meist wird mit ihm ein dünneres Seil an ein dickeres, gröberes geknüpft.

SO WIRD'S GEMACHT

1. Das dickere Seil unter Spannung halten und das lose Ende eines dünneren Seils herumschlingen. Das lose Ende sollte relativ lang sein.

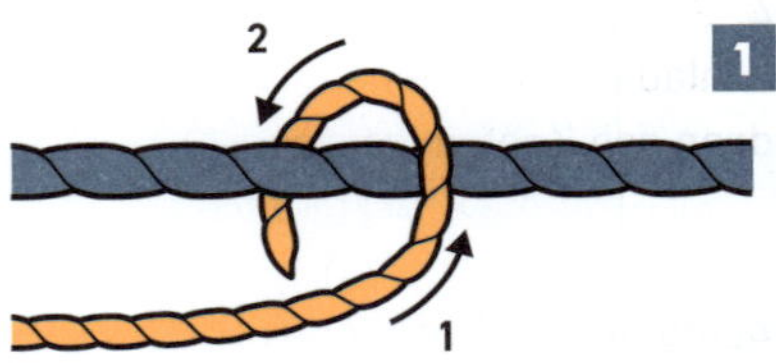

2. Das lose Ende noch einmal um das dickere Seil schlingen, dieses Mal in die Gegenrichtung. Das lose Ende über den stehenden Part des dünneren Seils legen.

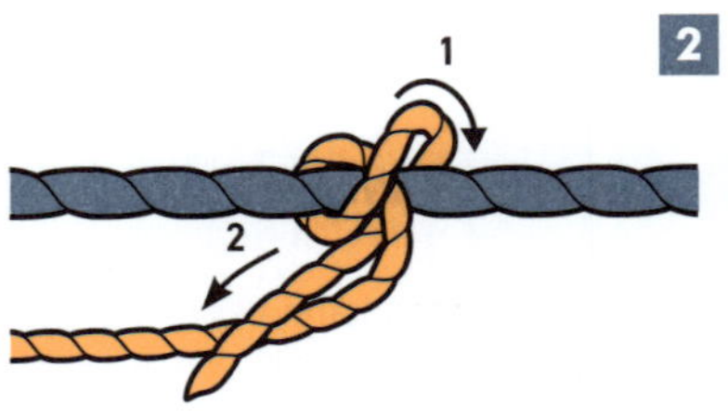

TIPP: ALTERNATIVE KNOTEN

Selbst in grobem Naturseil hält der Stopperstek nicht, zieht man an ihm nicht parallel zum Seil oder der Stange, in das bzw. an die er geknüpft ist. Für den Zug senkrecht zum Seil oder zur Stange eignet sich der Schmetterlingsknoten (siehe S. 96f.) besser.

3. Das lose Ende des dünneren Seils nun ein drittes Mal um das dickere Seil schlingen und dann unter sich selbst hindurch nach oben führen. Die beiden ersten Schlaufen verlaufen in Zugrichtung, die dritte verläuft in die entgegengesetzte Richtung.

4. So ausrichten, dass die drei Schlaufen eng aneinanderliegen, dann den Knoten festziehen.

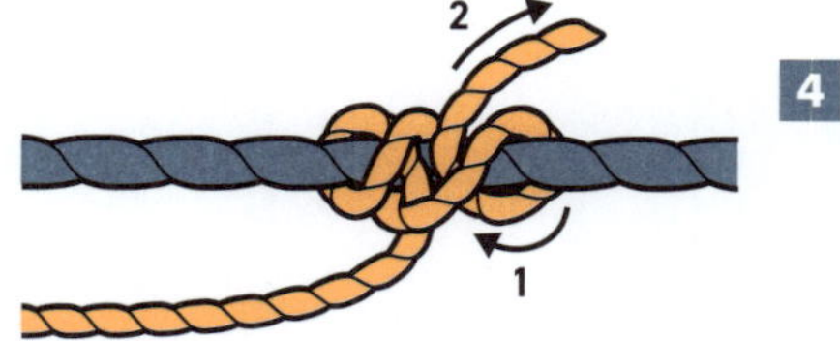

Achtung: Der Stopperstek hält bei synthetischen Seilen nicht gut. Dafür eignet sich der Eiszapfenstek besser.

DAFÜR EIGNET SICH DER STOPPERSTEK

- Der Knoten kann verwendet werden, um an einem Hauptseil oder einer Stange zusätzliche Elemente anzubringen – solange sie parallel zum Seil oder der Stange ziehen.

- Zudem eignet er sich als Teil eines Verankerungssystems sowie zur Gewichtsentlastung.

- Am interessantesten ist, dass der Stopperstek verschoben werden kann, wenn er nicht unter Zug steht. Dafür einfach die Last wegnehmen, den Knoten an die gewünschte Position schieben und die Last wieder dazugeben.

02

CAMPING- UND WANDER- KNOTEN

Arborknoten

Ankerstich

Stevedore-Knoten

Zimmermannsknoten

Während sich der durchschnittliche Campingfan mit Kenntnis von nur zwei oder drei Knoten durch seine Abenteuer schlagen mag, weiß der wahre Outdoor-Aficionado es besser. Er weiß, dass die Kenntnis einer breiten Vielfalt an Knoten ihm in der Natur eine breitere Vielfalt an Möglichkeiten bescheren wird. Und diese zusätzlichen Optionen sind vor allem dann wichtig, wenn man in der Wildnis auf sich selbst gestellt ist. Je mehr

Knoten man dann kennt, desto besser kann man die anstehenden Aufgaben erledigen. Ob es sich nun um das Errichten eines einfachen Unterschlupfs aus Planen handelt oder um eine komplexere Konstruktion aus Stangen und anderen Elementen – mit den Camping- und Wanderknoten in diesem Kapitel geht alles viel leichter von der Hand. Darüber hinaus bieten die Knoten nicht nur mehr Komfort, sondern auch mehr Sicherheit.

Diagonales Lasching

Scherlasching

Dreifachlasching

Rechteckiges Lasching

In diesem Kapitel lernen Sie acht tolle Knoten kennen, die unterwegs und beim Zelten außerordentlich nützlich sein können. Zudem stelle ich Ihnen vier Arten von Lasching vor, mit denen Sie verschiedene Camp-Utensilien aus Stangen und Seilen zaubern können. Die Grundlagenknoten kennen Sie bereits aus dem ersten Kapitel – nun bauen wir weiter darauf auf und erweitern Ihr Repertoire.

ARBORKNOTEN

EIN FESTMACHERKNOTEN FÜRS BUSHCRAFTING UND ANGELN

Der Arborknoten, auch Spulen- oder Rollenknoten genannt, kommt beim Campen ebenso zum Einsatz wie beim Angeln. Im Grunde besteht er nur aus zwei Überhandknoten hintereinander.

SO WIRD'S GEMACHT

1. Das Seil um den Gegenstand, der gesichert werden soll, schlingen.

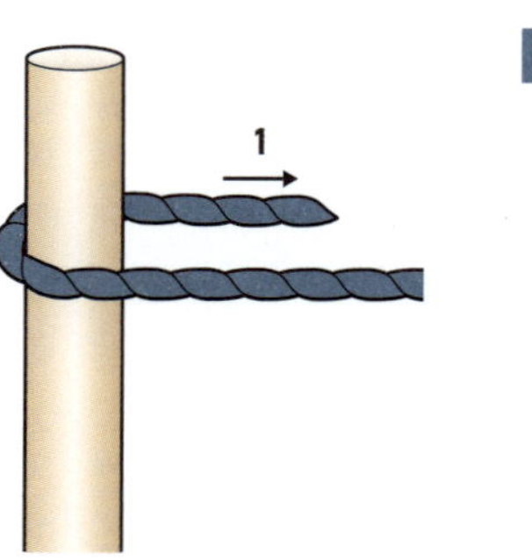

2. Mit dem losen Ende nun einen Überhandknoten (siehe S. 20) um den stehenden Part knüpfen.

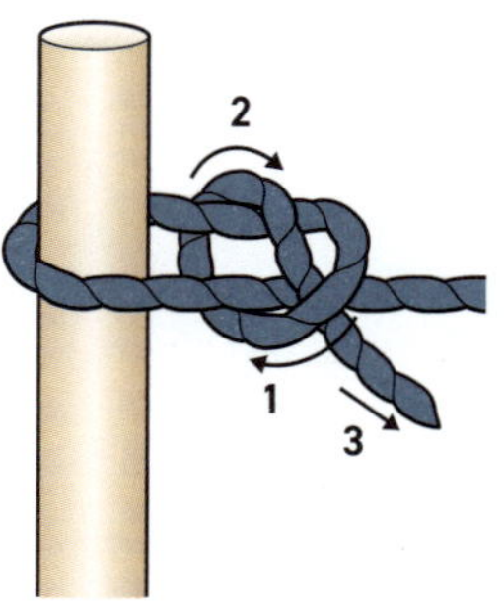

TIPP: EXTRAREIBUNG

Wird der Arborknoten dazu genutzt, die Angelschnur an der glatten Spule zu befestigen, wickeln manche Angler die Schnur vorher einige Male um die Spule, um mehr Reibung zu erzeugen.

3. Anschließend ins lose Ende nah am ersten Knoten einen zweiten Überhandknoten knüpfen.

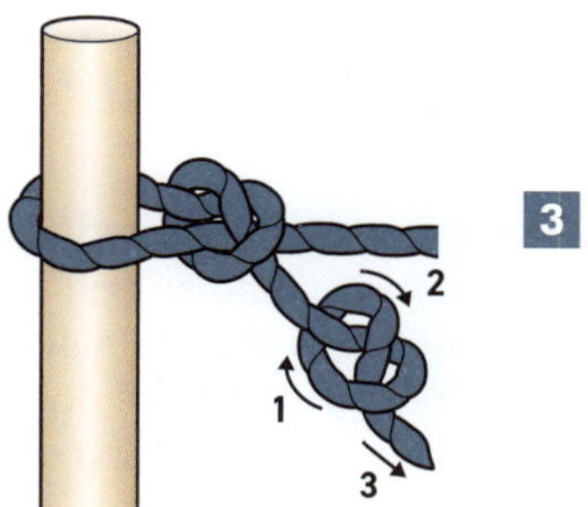

3

4. Die Knoten so festziehen, dass der erste fest am Gegenstand und der zweite fest am ersten anliegt.

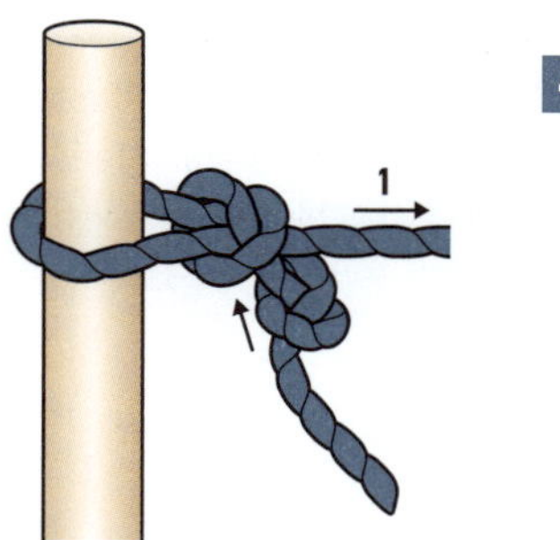

4

DAFÜR EIGNET SICH DER ARBORKNOTEN

- In den Bergen und im Wald ist der Arborknoten eine ausgezeichnete Wahl, um Ausrüstung und Vorräte fest zusammenzuschnüren. Er eignet sich beispielsweise zum Bündeln von Feuerholz oder zum Zusammenrollen der Isomatte.

- Manche Outdoor-Experten benutzen den Arborknoten auch als Anfangsknoten eines Laschings, um Stangen festzuzurren.

- Am Wasser kann man mit dem Arborknoten ein neues Stück Angelschnur an der Spule befestigen.

ANKERSTICH

ZUM BINDEN EINES SEILS MIT LAST AN EINEN PFOSTEN

Dieser Festmacherknoten hat eine lange Geschichte und viele Namen, darunter Buchtknoten und Lerchenkopf. Im Grunde ist er ein Mastwurf, bei dem die zweite Schlaufe in entgegengesetzter Richtung zur ersten ausgeführt wird. Er hält allerdings besser als der Mastwurf, vor allem dann, wenn die Spannung der Last immer wieder die Richtung ändert.

SO WIRD'S GEMACHT

1. Eine Schlaufe um den Pfosten, das Seil oder den Gegenstand legen, an dem das Gewicht befestigt werden soll.

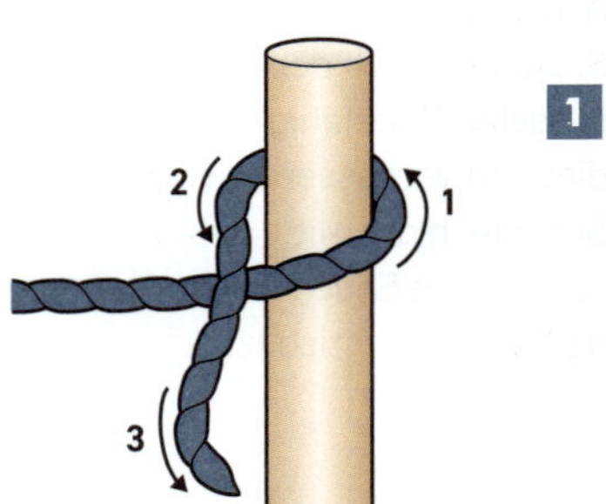

2. Das lose Ende des Seils über den stehenden Part nehmen und dann noch einmal um den Gegenstand schlingen – dieses Mal in die andere Richtung. Das Ganze noch locker lassen.

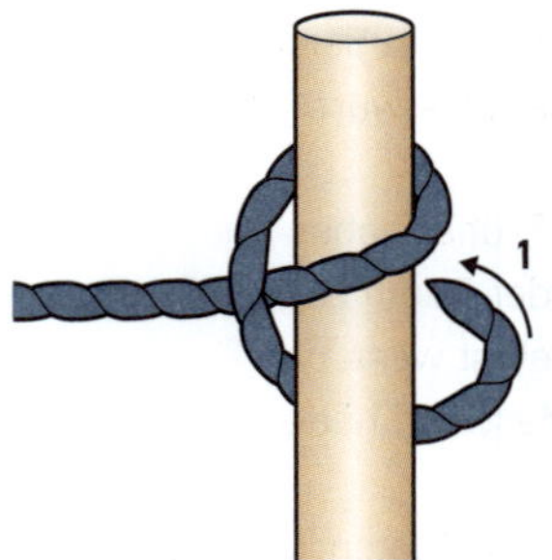

TIPP: AUGENSCHLAUFEN BEFESTIGEN

Um einen Gurt mit einer fest verknoteten Schlaufe (die sog. Augenschlaufe) an einem Gegenstand zu befestigen, wird die Augenschlaufe um den Gegenstand geschlungen und der stehende Part durch die Augenschlaufe geführt. So entsteht auch ein Ankerstich. Diese Methode eignet sich beispielsweise für Hundeleinen.

3. Nun das lose Ende unter der Schlaufe hindurch parallel zum stehenden Part führen. Den Knoten ausrichten und anschließend festziehen.

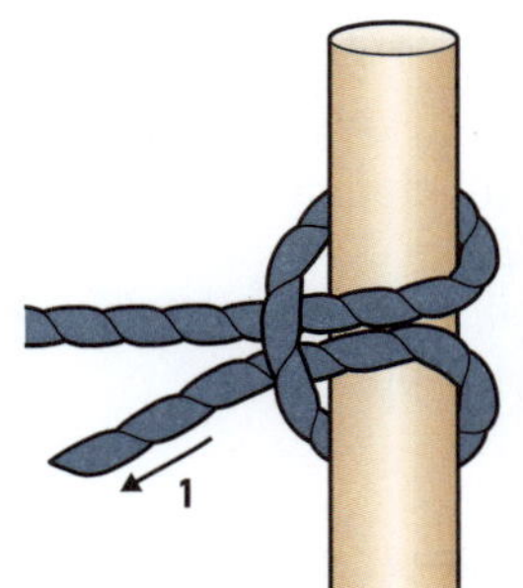

Achtung: Ebenso wie der Mastwurf (siehe S. 24f.) ist auch der Ankerstich nicht gerade für seine Haltefähigkeit berühmt. Um diese zu verbessern, den Knoten mit einer Schleife in der Mitte des Seils knüpfen und beide losen Enden sichern. Schwere Lasten hält der Ankerstich jedoch auch dann nicht.

DAFÜR EIGNET SICH DER ANKERSTICH

- In einem Seil ist der Ankerstich die verlässlichere Befestigung als der Mastwurf.

- Früher haben Bauern Kühe mit diesem Knoten an einem Pfosten oder Baum zum Grasen angebunden. Der Knoten hat gehalten – selbst wenn das Tier mehrmals um den Baum herumgelaufen ist; der Mastwurf hätte sich bei der Richtungsänderung des Zugs gelöst.

- Der Knoten kann auch mit einer Schnurschlaufe geknüpft werden: Dafür eine Schleife der Schlaufe um einen Gegenstand schlingen und die Schlaufe durch die Schleife fädeln.

- Der Ankerstich lässt sich ohne Belastung leicht wieder lösen.

STEVEDORE-KNOTEN

MITTELGROSSER STOPPERKNOTEN

Stopperknoten kann man sowohl mit nur einem als auch mit mehreren Strängen knüpfen. Ich habe mich hier für den Stevedore-Knoten entschieden: Er ist zwar nicht der allerrobusteste, lässt sich dafür aber schnell knüpfen. Er ähnelt dem Achtknoten, hat am losen Ende aber eine zusätzliche Schlaufe.

SO WIRD'S GEMACHT

1. Das lose Ende des Seils zu einer Schleife formen.

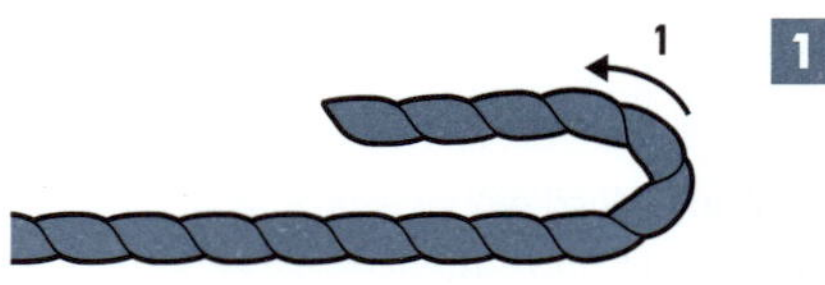

1

2. Anschließend das lose Ende zweimal um den stehenden Part wickeln.

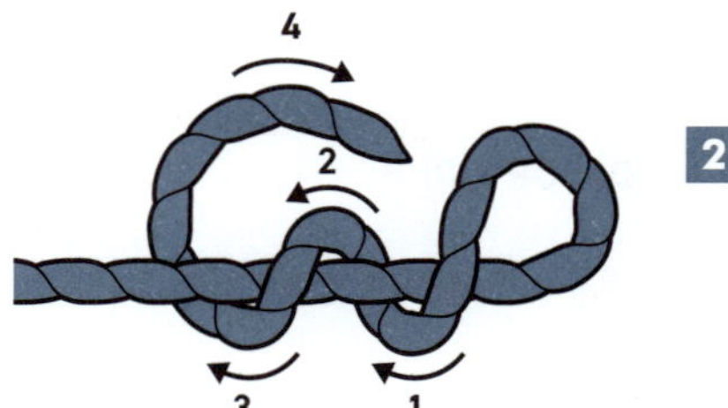

2

TIPP: DIE BESTEN STOPPERKNOTEN

Es gibt Dutzende verschiedener Stopperknoten. Sie verhindern, dass andere Knoten sich lösen und dass sich das Ende eines Seils aufdröselt. Zudem kann man mit ihnen das Seil besser festhalten. Auch der Überhandknoten (siehe S. 20) und der Achtknoten (siehe S. 26f.) sind Stopperknoten.

3. Das lose Ende des Seils durch die Schleife zurückführen. Den Knoten ausrichten, dabei die Schlaufen eng aneinanderschieben.

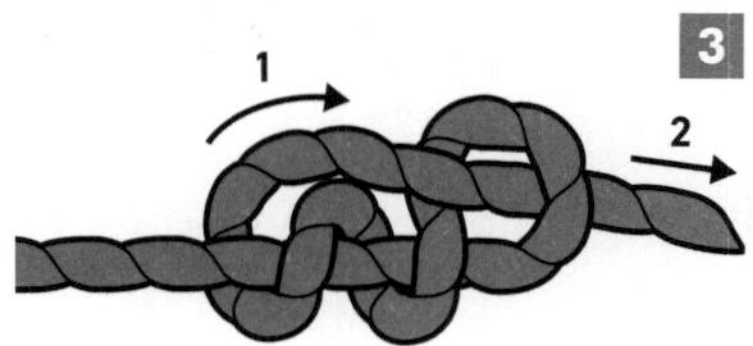

4. In entgegengesetzten Richtungen am losen Ende und stehenden Part ziehen und den Knoten so festziehen.

Achtung: Wird ein synthetisches Seil verwendet und ist dieses sehr glatt, könnte ein anderer Stopperknoten sicherer sein.

DAFÜR EIGNET SICH DER STEVEDORE-KNOTEN

• Ganz allgemein sollen Stopperknoten verhindern, dass das Seil hinter einen bestimmten Punkt rutscht. In der Zeit großer Segelschiffe etwa sollte der Stopperknoten verhindern, dass das Seil durch den Flaschenzug rutscht. Heute sichert der Knoten hauptsächlich andere Knoten.

• Zudem hindert der Knoten ein abgeschnittenes Seil daran, sich aufzudröseln, mit ihm kann man das Seil besser festhalten und er dient als Gewicht zum Werfen des Seils.

• Mit dem mittelgroßen Stopperknoten kann man auch eine Abdeckplane sichern. Dafür das Seil durch die Ösen führen und auf der Rückseite den Knoten knüpfen.

ZIMMERMANNSKNOTEN

ZUR BEFESTIGUNG EINES SEILS AN EINEM BAUMSTAMM

Dieser Knoten wurde früher von Holzfällern genutzt, damit Zugtiere Baumstämme abtransportieren konnten. Mit dem Zimmermannsknoten kann man ein Seil rasch an einem Stamm, einem Baum oder einem anderen zylindrischen Gegenstand befestigen.

SO WIRD'S GEMACHT

1. Mit dem losen Ende des Seils zunächst eine Schlinge um den Gegenstand legen. Ist der Gegenstand ein auf dem Boden liegender Baumstamm, der abtransportiert werden soll, sollte der Knoten am Ende des Baumstamms geknüpft werden. Dafür den Baumstamm falls nötig aufbocken. Das lose Ende sollte nicht zu kurz sein.

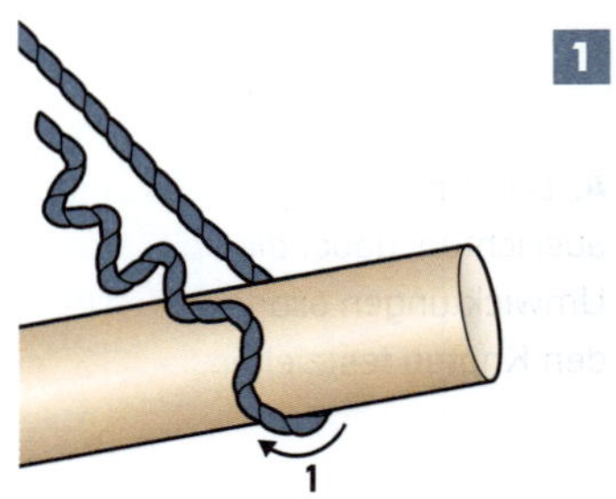

1

2. Das lose Ende um den stehenden Part zu sich heranführen.

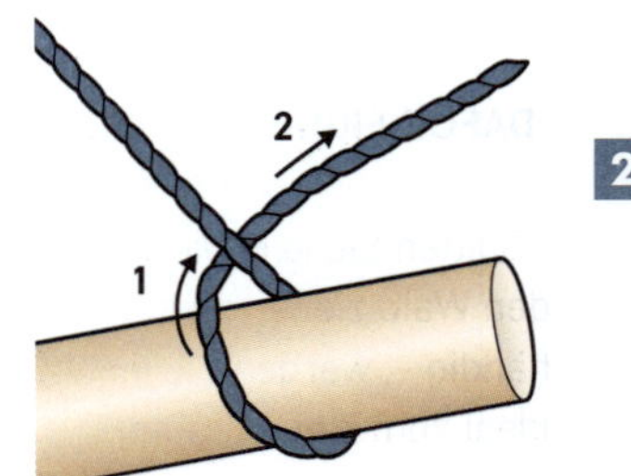

2

TIPP: DAS GEEIGNETE SEIL

Der Zimmermannsknoten hält am besten und ist am verlässlichsten, wenn er mit einem dickeren, weicheren Seil geknüpft wird. Dieses kann zusammengedrückt werden und sich so an die unebene Rinde des Baumstamms anpassen.

3. Anschließend das lose Ende vier- oder fünfmal spiralförmig um sich selbst wickeln. Oben sollte der Knoten wie eine verdrehte Öse um den stehenden Part aussehen.

3

4. Den Knoten eng am Baumstamm ausrichten, dabei die spiralförmigen Umwicklungen ordnen. Zum Schluss den Knoten festziehen.

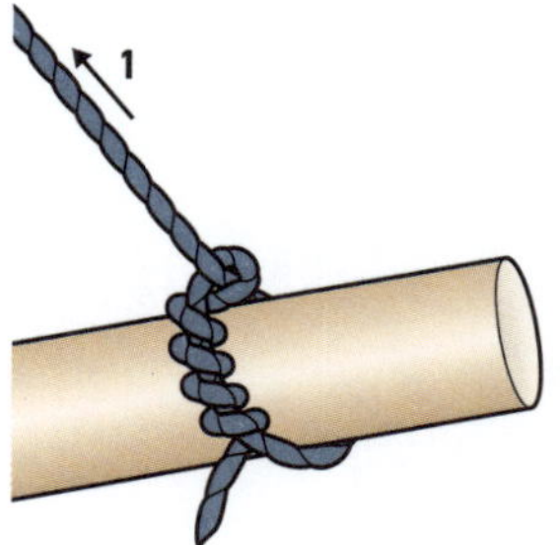

4

DAFÜR EIGNET SICH DER ZIMMERMANNSKNOTEN

· Sollten Sie je in die Verlegenheit kommen, einen Baumstamm durch den Wald ziehen zu müssen – mit dem Auto, dem Maulesel oder eigenhändig –, werden Sie es nicht bereuen, diesen Knoten zu kennen. Er ist ideal zum Ziehen rauer, zylindrischer Gegenstände.

· Mit dem Knoten lässt sich auch wunderbar ein diagonales Lasching (siehe S. 60f.) beginnen, als erste Befestigung der beiden Stangen.

· Beginnt man mit dem Knoten ein rechteckiges Lasching (siehe S. 66f.), sollte er an nur einem der beiden Gegenstände geknüpft werden.

KNOPFKNOTEN

IN DIE LÄNGE GEZOGENER »KNOPF« AM ENDE DES SEILS

Der Knopfknoten bildet einen Seilabschluss – wie ein knubbeliger Stopperknoten. Die Version hier ist nur eine von vielen mit einem einzelnen Strang.

SO WIRD'S GEMACHT

1. Zwei Schleifen nah beieinander und nah am Ende des Seils legen.

1

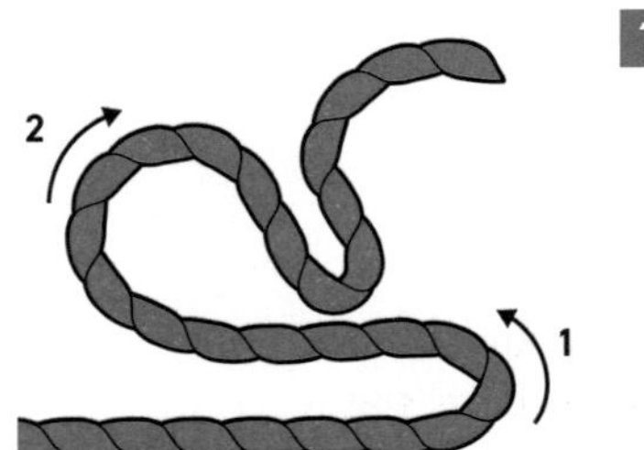

2. Die zweite Schleife durch die erste führen.

2

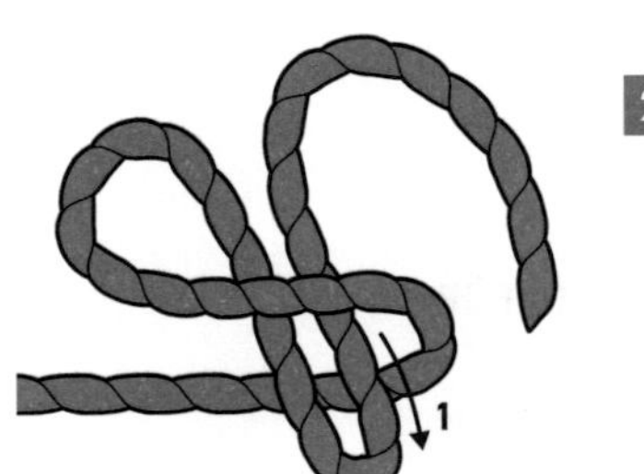

TIPP: FARBMUSTER

Wenn Sie einen komplexeren Knopfknoten mit mehreren Strängen knüpfen wollen, empfiehlt sich die Verwendung verschiedenfarbiger Seile oder Schnüre. Das sieht nicht nur hübsch aus, sondern hilft Ihnen auch dabei, beim Knüpfen den Überblick zu behalten.

3. Nun das lose Ende des Seils durch die zweite Schleife und um das Ende der ersten Schleife führen.

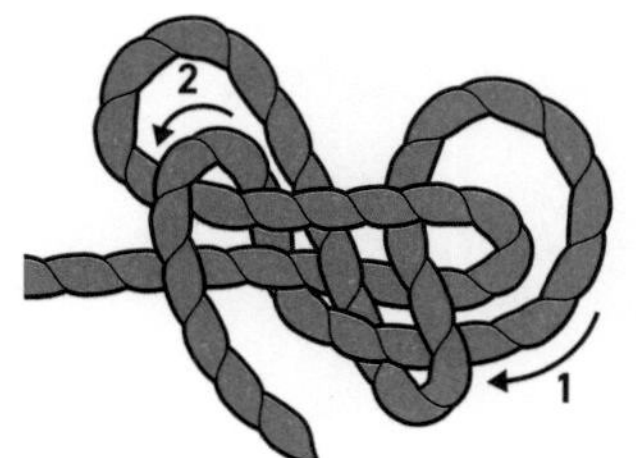

4. Dann das lose Ende noch einmal durch die zweite Schleife führen. Anschließend den Knoten ausrichten.

5. Den Knoten durch Ziehen am losen Ende und stehenden Part festziehen.

Achtung: Der Knoten kann kein Gewicht tragen.

DAFÜR EIGNET SICH DER KNOPFKNOTEN

• Wie der Name schon sagt, kann man den Knoten tatsächlich als Knopf verwenden, wenn er mit einem ansprechenden Garn geknüpft wird. Zudem ist er ein Stopperknoten.

• Es gibt zahlreiche verschiedene Knopfknoten. Manche, wie hier, werden mit nur einem Strang geknüpft, andere mit mehreren, was ein komplex verschlungenes Muster ergibt. Als Faustregel gilt: Je komplexer das Muster, desto wahrscheinlicher ist die dekorative, nicht die praktische Funktion des Knotens.

BANDSCHLINGENKNOTEN

ZUM VERBINDEN ZWEIER BÄNDER

Flache Materialien lassen sich nur schwer aneinander befestigen, weshalb der Bandschlingenknoten unbedingt in Ihr Repertoire gehört. Der Verbindungsknoten eignet sich ideal, um verschiedenartige Materialien zu verbinden. Er wird zwar meist für Gurte verwendet, kann aber auch bei Bändern derselben Breite zum Einsatz kommen. Er sollte Ihnen bekannt vorkommen, da er dem Überhandknoten ähnelt.

SO WIRD'S GEMACHT

1. Am Ende eines Bands oder Gurts einen sehr lockeren Überhandknoten (siehe S. 20) knüpfen.

2. Das lose Ende des zweiten Bands oder Gurts durch den Überhandknoten fädeln, dabei an seinem losen Ende beginnen.

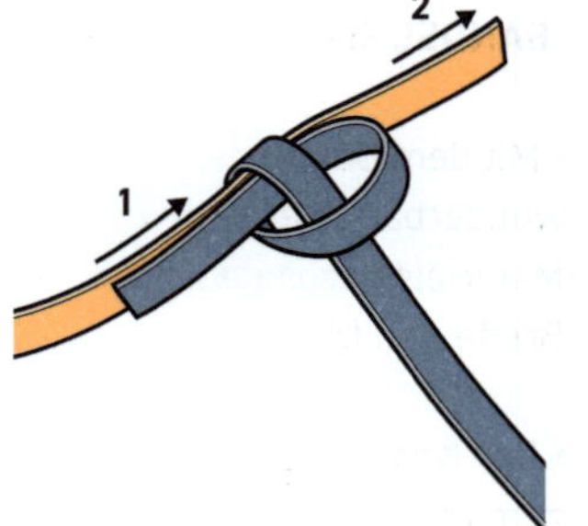

3. Das zweite Band oder den zweiten Gurt exakt am Überhandknoten entlangführen, sodass es oder er am stehenden Ende des Überhandknotens herauskommt. Den Knoten ausrichten und dann durch das Ziehen am jeweiligen stehenden Part in entgegengesetzte Richtungen festziehen.

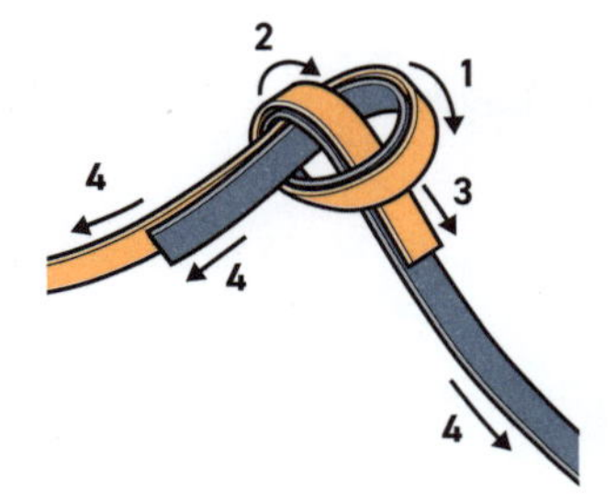

Achtung: Um der Sicherheit willen sollten sich auf beiden Seiten des Knotens mindestens acht bis zehn Zentimeter loses Ende befinden. Zudem sollten die Bänder oder Gurte beim Knüpfen des Knotens und beim Gebrauch flach bleiben. Rollt sich das Material auf, ist der Knoten weniger verlässlich.

DAFÜR EIGNET SICH DER BANDSCHLINGENKNOTEN

· Mit dem Bandschlingenknoten lassen sich wunderbar zwei passende Teile flachen Materials verbinden. Sie sollten die gleiche Breite und Dicke haben.

· Der Knoten kommt zwar auch beim Klettern zum Einsatz, ist aber kein absolut sicherer Knoten. Bleibt das äußere Stück des Gurts an irgendetwas hängen, könnte sich der Knoten lösen.

FUHRMANNSKNOTEN

EIN KNOTEN ZUM BEFESTIGEN UND SICHERN

Wie der Name schon vermuten lässt, stammt dieser Knoten aus der Zeit vor der Erfindung des Verbrennermotors, ein anderer Name für ihn ist Abspannknoten. Mit ihm kann man auch ohne die üblichen Utensilien einen Leichtgewichtsflaschenzug bauen. Zudem eignet er sich zum Befestigen und Sichern einer Ladung.

SO WIRD'S GEMACHT

1. Im stehenden Part des Seils eine Schleife neben einer Schlaufe legen und dabei viel Seil am losen Ende übrig lassen.

1
2

1

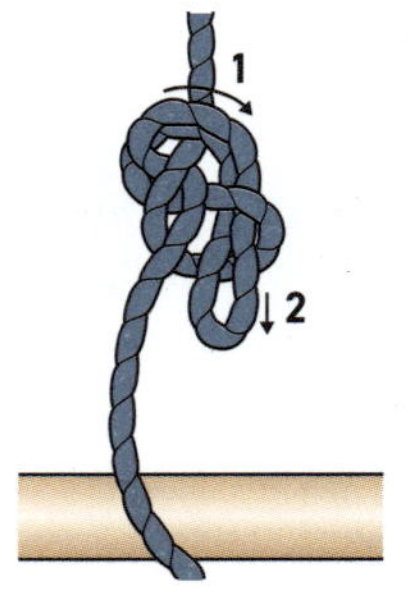

2

2. Die Schleife über den stehenden Part und nach unten durch die Schlaufe führen; so entsteht ein Achtknoten.

TIPP

Der Knoten kann auch mit anderen Schlaufen als dem Achtknoten geknüpft werden, dafür eignen sich allerdings nicht alle Knoten. Manche lassen sich nach dem Anhängen einer schweren Last nicht mehr lösen. Der Achtknoten hingegen ist sowohl sicher als auch wieder lösbar, selbst nachdem er eine schwer Last beim Transport gesichert hat.

3. Das lose Ende um den Gegenstand schlingen und anschließend durch den Achtknoten fädeln. Den Gegenstand leicht anheben und das Seil gespannt halten.

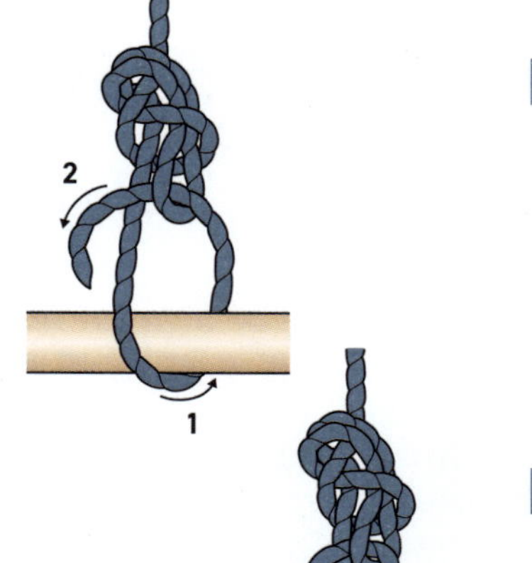

4. Unterhalb der Schlaufe zwei bis drei Halbe Schläge (siehe S. 21) knüpfen, um den Knoten fertigzustellen.

5. Die Halben Schläge eng aneinanderschieben und am losen Ende sowie am stehenden Part ziehen, um den Knoten festzuziehen.

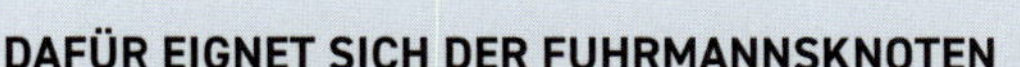

DAFÜR EIGNET SICH DER FUHRMANNSKNOTEN

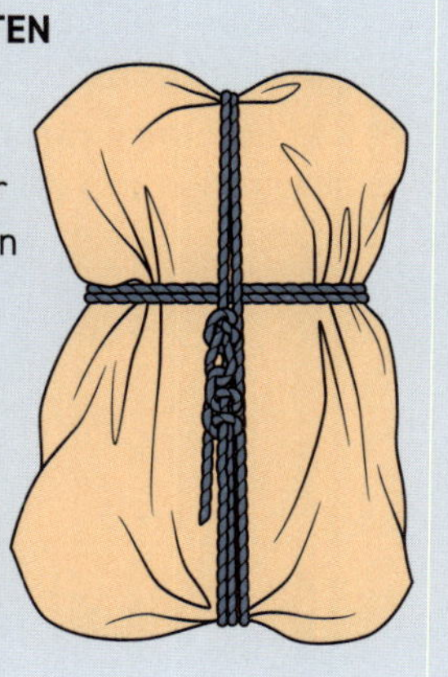

• Wenn Sie zufällig Lastwagenfahrer sind, wird Ihnen sofort auffallen, wie praktisch dieser Knoten ist. Bei der Sicherung einer Ladung kann er mechanisch schließende Gurte ersetzen.

• Der Fuhrmannsknoten ist auch am Wasser sowie beim Zelten nützlich. Ob nun beim Sichern von Planen oder losen Gegenständen – das vor und zurück laufende Seil ähnelt einem Flaschenzug, weshalb man es bei Bedarf auch fester anziehen kann.

TOPSEGELSCHOTSTEK

EIN SCHIEBEKNOTEN, DER UNTER ZUG GREIFT

Für diejenigen, die in Zelten oder unter Planen campen, ist der Großteil der Arbeit geschafft, wenn das Überzelt steht. Dabei zieht man nicht selten ein Seil fest, während sich ein anderes schon wieder löst oder zu fest wird. Die Zelthersteller versuchen, die Sache mit verschiedenen Schließmechanismen für Spannseile zu erleichtern – die muss man aber erst einmal haben. Was also hilft? Der Topsegelschotstek!

SO WIRD'S GEMACHT

1. Das lose Ende des Seils um den Baum, Pfosten, Ring oder Gegenstand führen, der der Ankerpunkt sein soll.

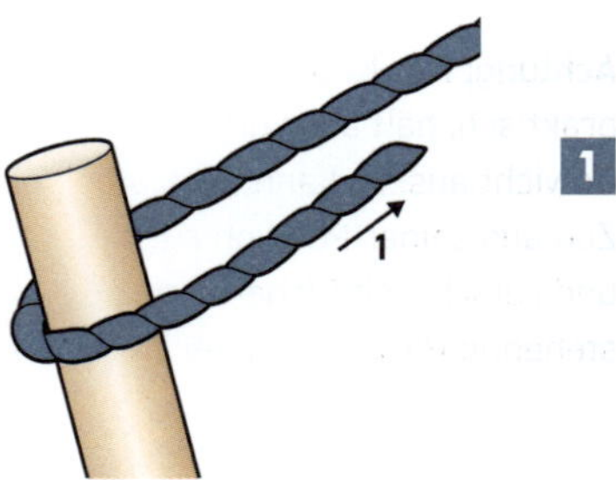

2. Das lose Ende dann zweimal um den stehenden Part wickeln, und zwar spiralförmig in Richtung des Ankerpunkts.

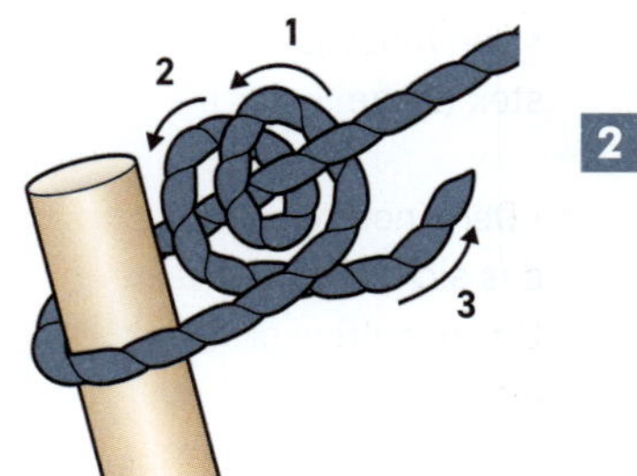

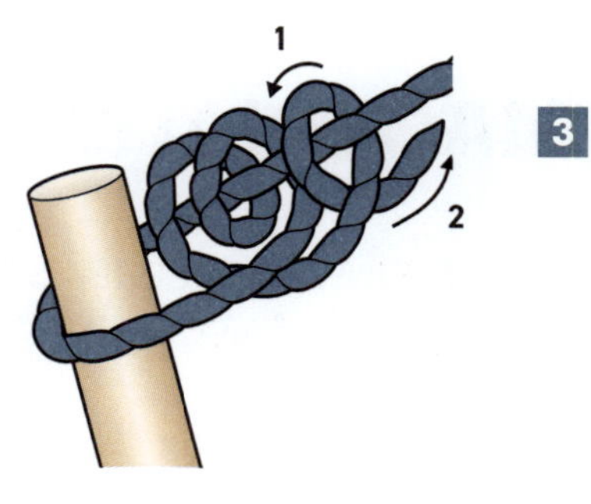

3. Nun das lose Ende vom Ankerpunkt wegführen und eine dritte Schlaufe um den stehenden Part formen.

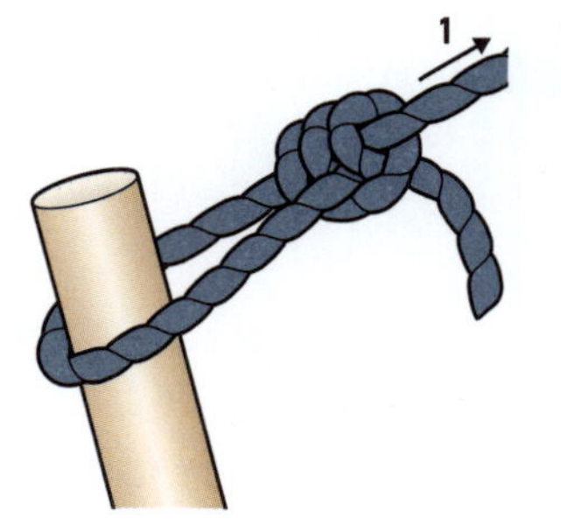

4. Den Knoten ausrichten, dabei die drei Schlaufen eng aneinanderschieben. Den Knoten durch Ziehen am losen Ende festziehen und in die gewünschte Position schieben.

Achtung: Der Knoten ist zwar praktisch, hält aber nicht allzu viel Gewicht aus. Er kann auch unter Zug aus seiner Position rutschen und rutscht mit Sicherheit, wenn der stehende Part nicht unter Zug ist.

DAFÜR EIGNET SICH DER TOPSEGELSCHOTSTEK

• Der Topsegelschotstek ist im Grunde ein Stopperstek (siehe S. 38f.) in einem Seil, statt in zwei Seilen.

• Der Knoten kann das Schiebeschloss ersetzen, das sich normalerweise an Zeltleinen befindet. Um zu halten, braucht der stehende Part allerdings ordentlich Zug.

• Die drei Schlaufen ziehen den stehenden Part etwas nach unten – das ist das Geheimnis, warum der Topsegelschotstek hält.

DIAGONALES LASCHING

VERBINDET STANGEN ODER STÖCKE, DIE EINANDER NICHT IM RECHTEN WINKEL KREUZEN

Beim Lasching werden Stangen, Bretter, Stäbe oder Stöcke mit Schnüren oder Seilen zusammengebunden. Ein anderes Lasching kommt zum Einsatz, wenn ein Unterschlupf oder Campingmöbel gebaut werden sollen. Das diagonale Lasching eignet sich am besten für das Verbinden von Gegenständen, die einander nicht im rechten Winkel kreuzen.

SO WIRD'S GEMACHT

1. Einen Zimmermannsknoten (siehe S. 50f.) um die beiden Gegenstände knüpfen.

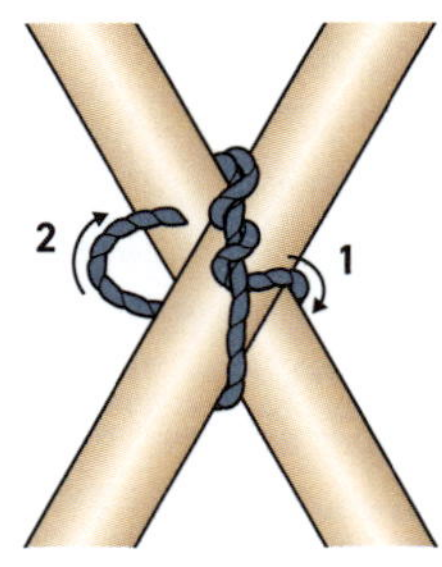

2. Das Seil anschließend drei- oder viermal fest außen um die Gegenstände wickeln.

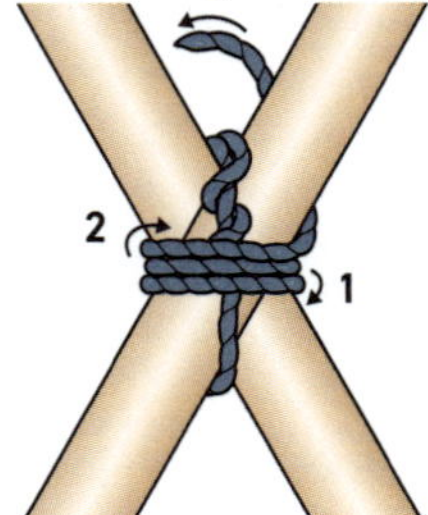

2

TIPP

Wie bereits erwähnt eignet sich der Mastwurf für moderne, glatte Seile nicht. In den meisten Büchern hält man sich ans Althergebrachte und beendet das Lasching immer mit einem Mastwurf, ich empfehle Ihnen jedoch einen verlässlicheren Knoten. Ich lasse meist viel loses Ende am Knoten, mit dem das Lasching begonnen wird, stehen und knüpfe damit zum Schluss dann einen Kreuzknoten (siehe S. 28f.).

3. Die Gegenstände noch einmal in der anderen Achse drei- oder viermal fest mit Seil umwickeln.

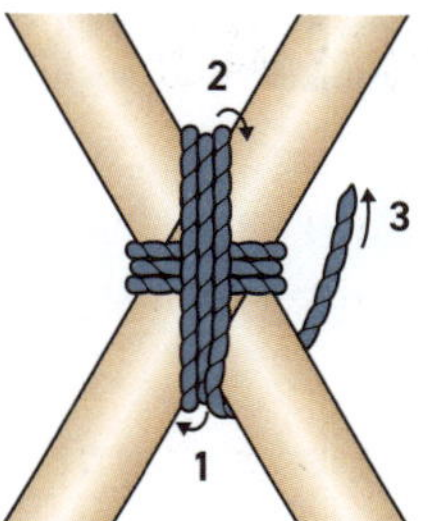

3

4. Das Seil anschließend drei- oder viermal abwechselnd unten und oben um die Gegenstände wickeln. Damit wird die Konstruktion festgezurrt.

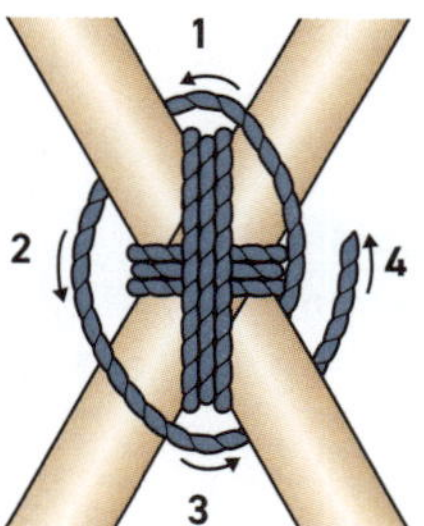

4

5. Das Lasching mit einem Mastwurf (siehe S. 24f.) oder einem anderen Knoten nach Wahl beenden.

5

DAFÜR EIGNET SICH DAS DIAGONALE LASCHING

• Sie wollen einen Wachturm, eine Hütte oder eine Brücke aus Seil, Stöcken und Stangen bauen? Dann kommt Ihnen das diagonale Lasching an Stellen, an denen sich zwei Stangen nicht im rechten Winkel kreuzen, gerade recht. Diagonale Elemente geben einer Konstruktion überraschend viel Halt und verhindern, dass quadratische und rechteckige Elemente ihren Halt verlieren.

SCHERLASCHING

DAMIT LASSEN SICH ZWEI KÜRZERE STANGEN ZU EINER LÄNGEREN VERBINDEN

Wenn Sie eine lange Stange brauchen, aber nur kürzere Stangen haben, können Sie diese mit der Methode des Scherlaschings verbinden – vorausgesetzt, Sie haben ausreichend Seil. Ein seltenes, aber sehr nützliches Lasching, das bei uns auch unter dem Begriff Zweibockbund zu finden ist.

SO WIRD'S GEMACHT

1. Zunächst einen Mastwurf (siehe S. 24f.) um eine der Stangen knüpfen.

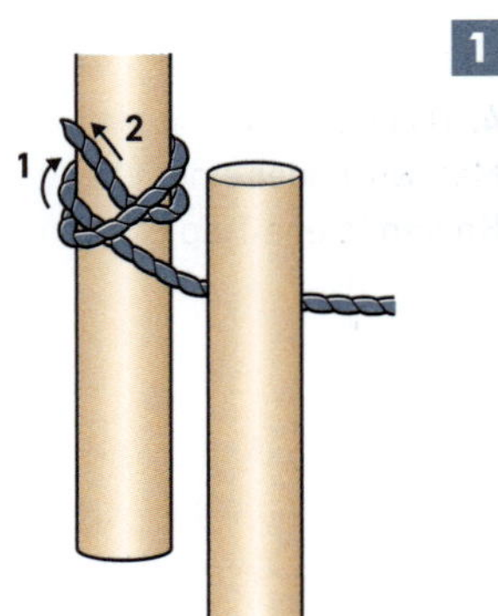

2. Anschließend das Seil vier- oder fünfmal außen um beide Stangen wickeln, allerdings nicht besonders fest, da zwischen den Stangen noch Platz sein muss.

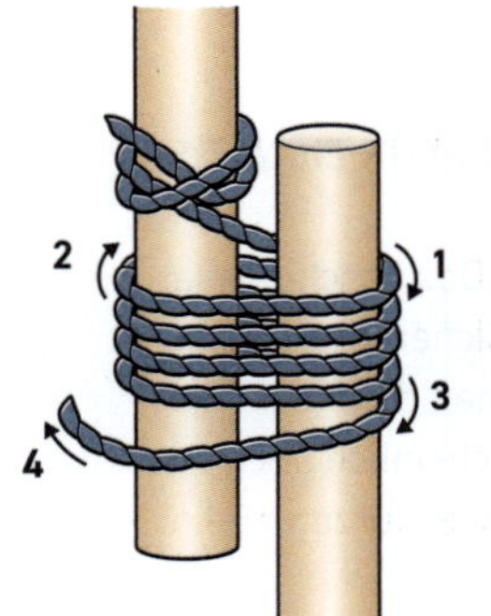

TIPP

Soll die Stange sehr lang werden, sollte das Scherlasching zweimal pro Gelenk geknüpft werden. So hält das Ganze besser als mit einem einzelnen breiten Scherlasching, das ausleiern könnte.

3. Nun die Umwickelungen in der Längsachse zwischen den Stangen zwei- oder dreimal sehr fest umwickeln.

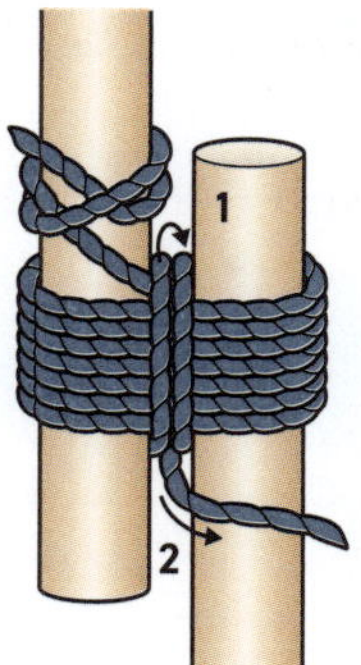

4. Das Lasching mit einem weiteren Mastwurf oder einem haltbareren Knoten (siehe Tipp S. 60) abschließen.

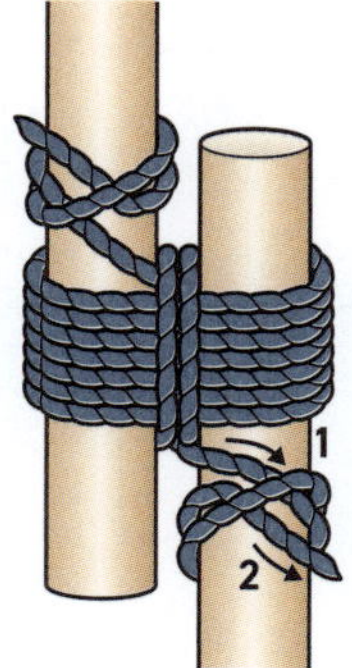

DAFÜR EIGNET SICH DAS SCHERLASCHING

· Das Lasching eignet sich nicht nur zur Herstellung längerer Stangen. Sichert man das Ende zweier Stöcke mit einem Scherlasching, kann man die Stöcke anschließend wie eine Schere öffnen – daher wahrscheinlich auch der Name – und erhält so ein X mit zwei langen und zwei kurzen »Beinen«.

· Das Scherlasching ist beim Bau eines Unterschlupfs und anderer Konstruktionen sehr nützlich. Auch für ein frei stehendes Zweibein bietet es sich an. Und dieses wiederum kann für eine Reihe von Zwecken genutzt werden.

DREIFACHLASCHING

DREI STANGEN MIT EINEM SEIL VERBINDEN

Mit dem Dreifachlasching oder Dreibockbund kann man sich rasch einen Unterschlupf bauen und zahlreiche verschiedene Utensilien fürs Camping herstellen. Dabei nutzen wir die Stabilität des Dreiecks.

SO WIRD'S GEMACHT

1. Die drei Stangen nebeneinander auf den Boden legen. Einen Festmacherknoten nach Wahl an die rechte oder linke Stange knüpfen – hier wird der traditionelle Mastwurf (siehe S. 24f.) verwendet.

1

2. Das Seil außen vier- oder fünfmal um alle drei Stangen wickeln – nicht zu fest, da noch Platz zwischen den Stangen bleiben muss.

2

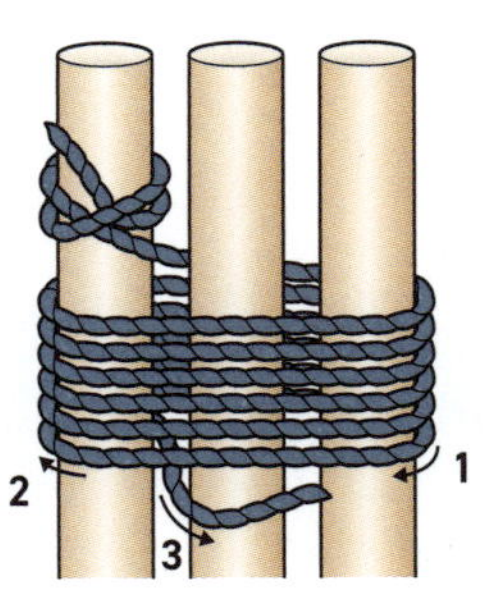

3. Nun zwischen den Stangen die Umwickelungen in der Längsachse umwickeln – jeweils zweimal. Dann entweder zur Ausgangsstange zurückgehen oder bei der letzten Stange bleiben, wie es hier zu sehen ist, um mit einem Knoten abzuschließen.

3

4. Das Lasching mit einem weiteren Festmacherknoten sichern. Nun können die Stangen zu einem Dreibein gespreizt und aufgestellt werden.

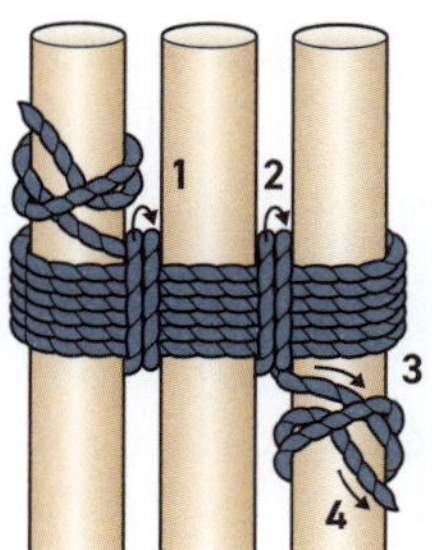

Achtung: Das Dreibein ist zwar grundsätzlich sehr stabil, kann aber trotzdem in sich zusammenfallen, wenn die Konstruktion nicht symmetrisch ist. Die drei Beine sollten gleich lang sein und einen ähnlichen Durchmesser haben. Zudem sollte der Abstand zwischen den Beinen gleich sein. Das Dreibein sollte breit genug aufgestellt werden, damit es nicht umfällt, aber nicht zu breit.

TIPP: NOCH MEHR ZUG

Manche Bushcrafter verbinden die drei Stangen so, dass die mittlere Stange in die entgegengesetzte Richtung wie die beiden äußeren Stangen weist. Wird das Dreibein dann aufgestellt, muss die mittlere Stange umgedreht werden; so steht das Lasching mehr unter Zug und ist noch stabiler.

DAFÜR EIGNET SICH DAS DREIFACHLASCHING

• Diese Art des Laschings ist ausgesprochen vielseitig. Die so hergestellten Dreibeine können groß oder klein sein. Ist das Dreibein sehr groß, kann es die Basis eines kegelförmigen Unterschlupfs bilden, wie bei einem Tipi. Mittelgroße Dreibeine geben hervorragende Feuerstellen zum Aufhängen von Töpfen ab.

• Ihrer Fantasie sind hier keine Grenzen gesetzt. Wie wäre es mit einem kleinen Dreibein mit Querstange zum Trocknen von Fleisch?

RECHTECKIGES LASCHING

VERBINDET STANGEN ODER STÖCKE, DIE EINANDER IM RECHTEN WINKEL KREUZEN

Wird dieses Lasching korrekt geknüpft, bildet es eine ausgesprochen stabile Grundlage für praktisch jedes Gerüst, das Sie errichten wollen.

SO WIRD'S GEMACHT

1. Zunächst das Seil mit einem Knoten an einer der Stangen befestigen, nah an der Stelle, an der sich die beiden Stangen kreuzen. Der Mastwurf wäre dafür die traditionelle Wahl, ein Kreuzknoten (siehe S. 28f.) oder ein Arborknoten (siehe S. 44f.) ist jedoch effektiver. Hier ist der Kreuzknoten abgebildet.

2. Das Seil vier- oder fünfmal spiralförmig um die Stangen wickeln, dabei unter der unteren Stange hindurchführen und über die obere hinweg.

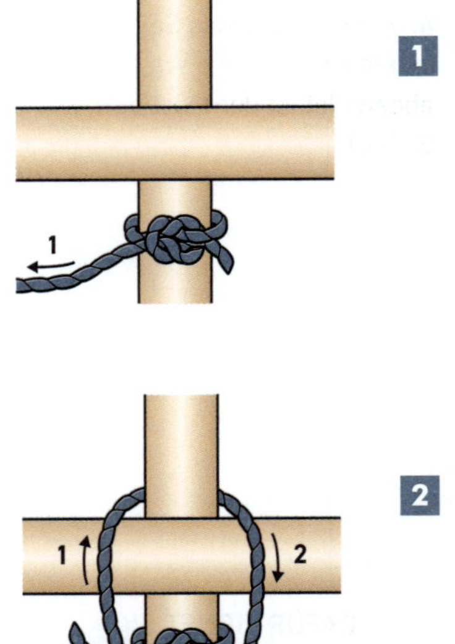

TIPP: FEST UMWICKELN

Zum festeren Anziehen des Seils kann man dieses um einen kräftigen Stock wickeln und den Stock dann gewissermaßen als Hebel benutzen. So kann man fester ziehen als mit bloßen Händen allein. Die Technik kann zwar praktisch bei jedem Knoten angewendet werden, eignet sich aber besonders gut für das Lasching, da dies längere Seilabschnitte erfordert.

3. Nun das Ganze festzurren: Dafür die Umwicklungen zwischen den Stangen drei- oder viermal umwickeln.

4. Zum Schluss das Seilende mit einem Knoten nach Wahl sichern. Hier abgebildet ist der Mastwurf (siehe S. 24f.).

DAFÜR EIGNET SICH DAS RECHTECKIGE LASCHING

- Beim Bauen im Zeltlager ist das rechteckige Lasching das nützlichste. Damit kann man mit stabilen Stangen und kräftigen Seilen im Nu Gerüste, Gestelle, Bänke und Betten zaubern.

- Das Lasching ist aber auch schon bei aufwendigeren Projekten wie Türmen und Brücken zum Einsatz gekommen.

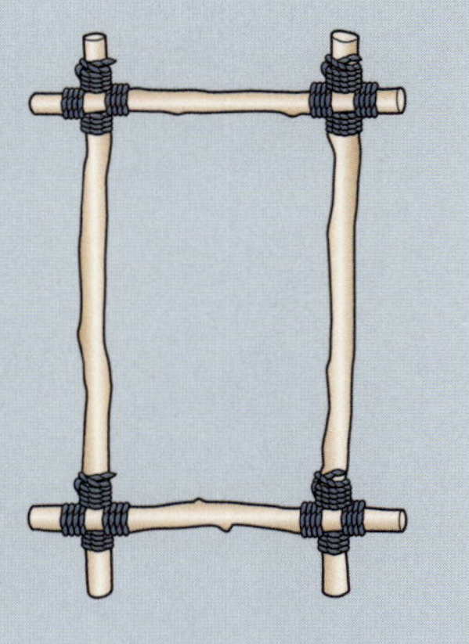

03

SEE-MANNS-KNOTEN

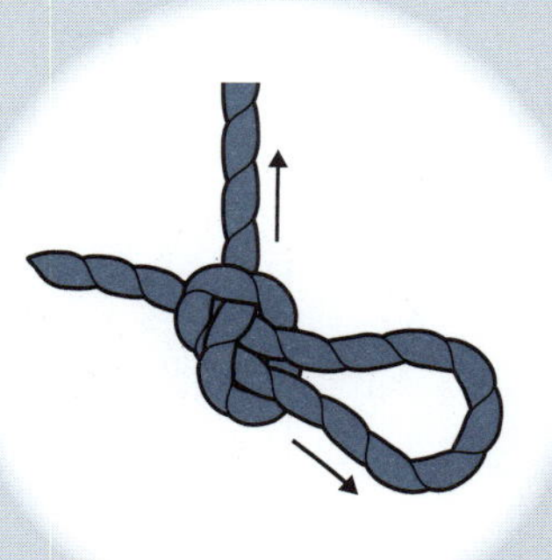

Slipknoten

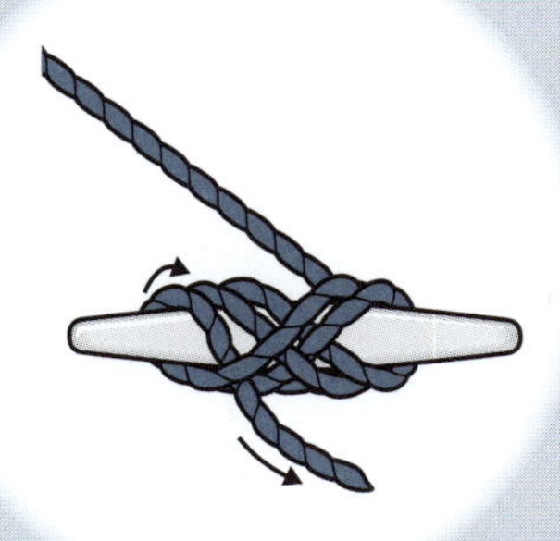

Kopfschlag

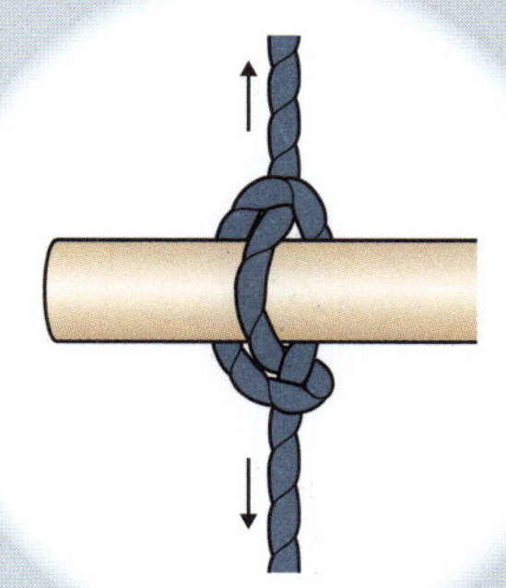

Marlspiekerschlag

Nur wenige Menschen, zu deren Handwerk es unbedingt gehörte, Knoten knüpfen zu können, haben in der Geschichte der Menschheit einen solchen Kultstatus wie die Seeleute. Die Herrscher über Wind, Wasser und Tiden erkundeten einst die Ozeane und erschlossen neue Handelsrouten, womit sie die

Roringstek

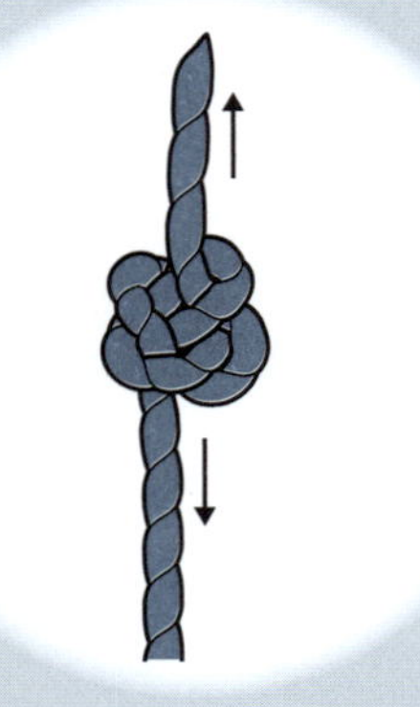

Ashley-Stopperknoten

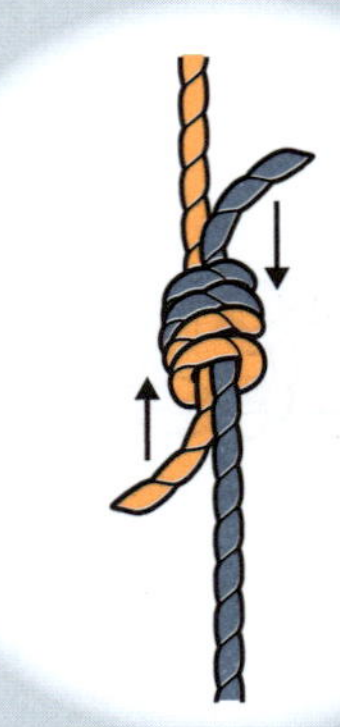

Doppelter Spierenstich

Grundlagen der Welt, wie wir sie heute kennen, schufen. Und das wäre ohne die Vielzahl an Knoten, die die Schiffe zusammenhielten und der Mannschaft ein Leben auf dem Wasser ermöglichten, undenkbar gewesen. Verglichen mit den stolzen alten Segelschiffen haben die Wasserfahrzeuge heute zwar keine so aufwendige Takelage mehr, Seile und Knoten braucht

Achtknoten mit Spierenstich

Altweiberknoten

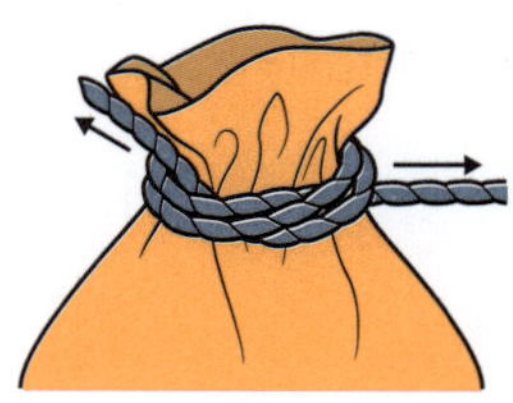

Schnürknoten

man auf See aber immer noch. Ob das Schiff oder Boot nun vom Wind in den Segeln oder vom Diesel im Motor angetrieben wird – man muss noch immer wissen, wie man bestimmte Knoten knüpft, will man heil an Land zurückkehren. Die Knoten in diesem Kapitel stammen aus jüngeren sowie längst vergangenen Zeiten und können so ziemlich überall zum Einsatz kommen.

SLIPKNOTEN

EINFACHER STOPPERKNOTEN MIT SCHLINGE

Der Slipknoten ähnelt dem Arborknoten und beinhaltet eine Schlinge, die man für eine Vielzahl an Aufgaben zu Wasser und zu Land verwenden kann. Der Hauptbestandteil dieses Knotens ist der Überhandknoten.

SO WIRD'S GEMACHT

1. Zunächst eine Schlaufe im Seil bilden, und zwar so weit vom losen Ende entfernt, dass die Schlinge später die gewünschte Größe haben kann. Das lose Ende anschließend durch die Schlaufe führen, sodass ein lockerer Überhandknoten (siehe S. 20) entsteht.

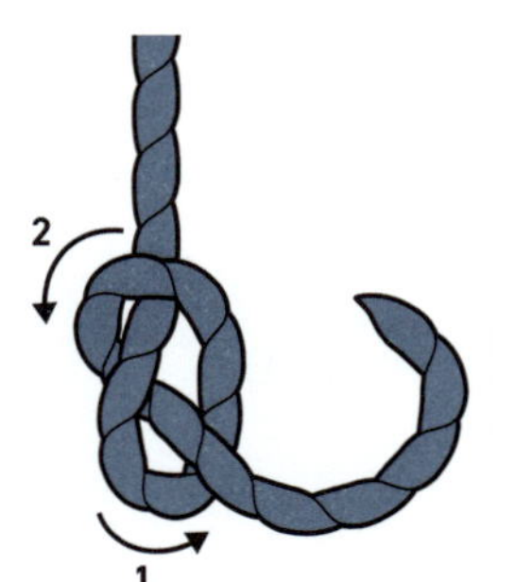

2. Nun das lose Ende zurück durch die Mitte des Überhandknotens führen und dabei eine Schlinge in der gewünschten Größe bilden.

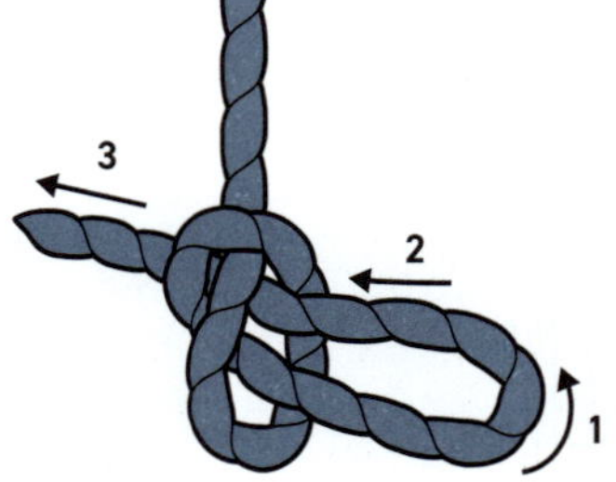

3. Am stehenden Part des Seils und an der unteren Seite der Schlinge ziehen, um den Überhandknoten zuzuziehen und den Slipknoten fertigzustellen.

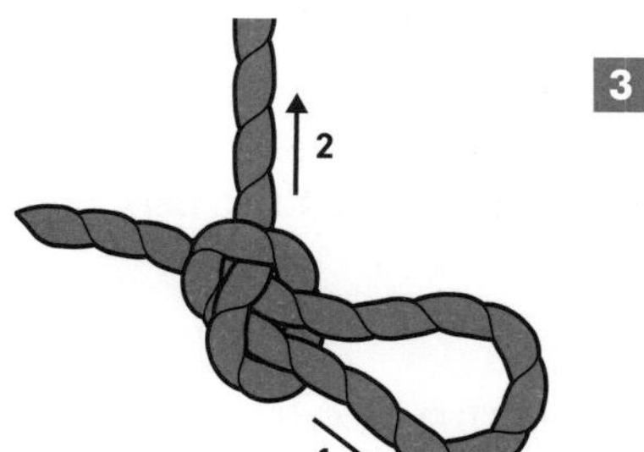

Achtung: Der Slipknoten kann sich leicht lösen. Deshalb nicht zu viel Gewicht an die Schlinge hängen.

DAFÜR EIGNET SICH DER SLIPKNOTEN

· Der Slipknoten ist zwar nicht so robust wie der Arborknoten (siehe S. 44f.), kann aber trotzdem viele Aufgaben verrichten – z. B. als nicht blockierender Stopperknoten, der leicht gelöst werden kann, indem man am losen Ende des Seils zieht (wenn sich nichts in der Schlinge befindet).

· Der Knoten kommt schon seit Jahrhunderten auf dem Wasser zum Einsatz, um Gegenstände festzubinden.

· An Land kann er als Falle dienen (dafür eignet sich der Arborknoten allerdings noch besser).

· Zudem gibt es Slipknoten beim Stricken und Häkeln.

KOPFSCHLAG

KNOTEN ZUM BEFESTIGEN EINES SEILS AN EINER KLAMPE

Die Klampe kommt in Docks und auf Schiffen häufig vor. Sie sieht ein wenig wie ein Amboss aus und besitzt zwei symmetrische Hörner. Es gibt wohl kaum eine andere Befestigungsvorrichtung, die so traditionell seemännisch ist wie diese.

SO WIRD'S GEMACHT

1. Das lose Ende des Seils um das weiter entfernte Horn der Klampe führen. Anschließend unter den Hörnern hindurchführen, dabei aber keine vollständige Schlinge bilden.

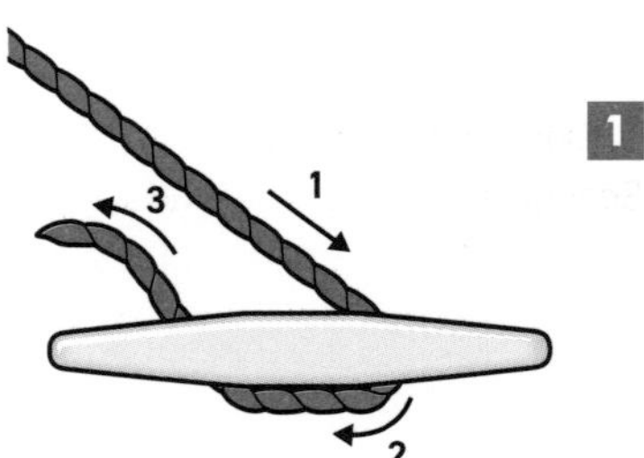

2. Nun das lose Ende wie eine 8 über die Klampe und unter jedem Horn hindurch führen.

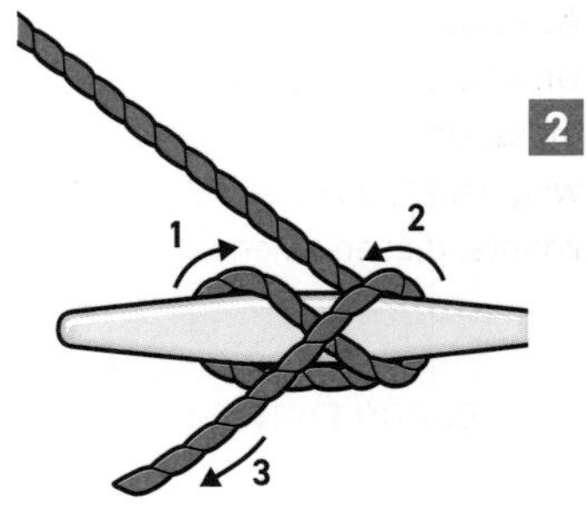

TIPP: ÜBERSCHÜSSIGES SEIL

Nach dem Fertigstellen des Knotens kann noch einiges an Seil übrig sein. Dieses sollte am besten ordentlich unter der Klampe aufgerollt und auf den Boden gelegt werden, die Festigkeit des Knotens beeinträchtigt es nicht. Eine andere Option besteht darin, das lose Ende des Seils mit einem Stopperstek (siehe S. 38f.) oder einem anderen Schiebeknoten am stehenden Part zu sichern. Ist das überschüssige Seil nicht im Weg, ist es fast unmöglich, dass sich der Kopfschlag löst.

3. Diesen Vorgang mindestens zweimal wiederholen, je nach Dicke des Seils und Größe der Klampe.

3

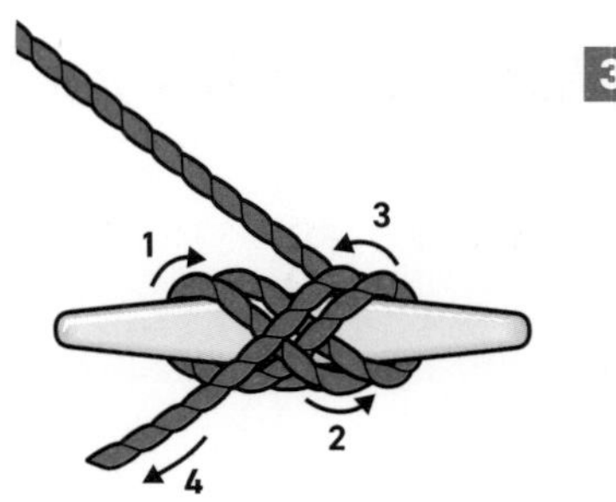

4. Den Kopfschlag mit einem Halben Schlag (siehe S. 21) abschließen.

4

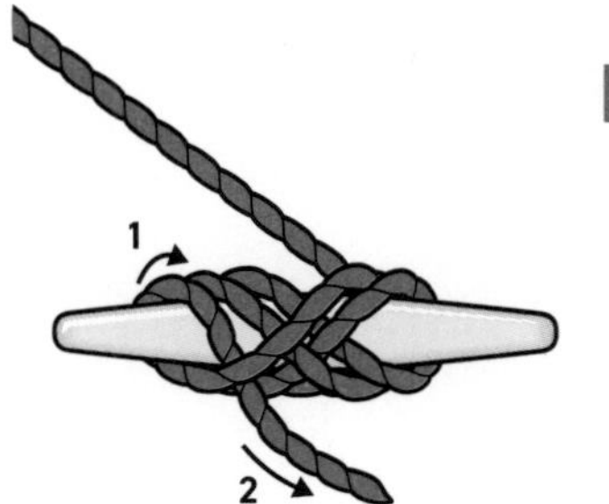

Achtung: Wenn der Kopfschlag unter Umständen schnell gelöst werden muss, den Halben Schlag in Schritt 4 weglassen, da es zu lange dauern könnte, diesen zu entfernen.

DAFÜR EIGNET SICH DER KOPFSCHLAG

· Der Kopfschlag findet im Grunde nur Verwendung, wenn ein Seil an einer Klampe befestigt werden muss. Am häufigsten kommt er zum Einsatz, wenn ein Schiff im Dock festgemacht wird.

· Man kann den Kopfschlag aber auch dazu nutzen, zwei kleinere Boote aneinander zu befestigen, z. B. beim Abschleppen.

· Häufiger zu sehen ist der Knoten zudem an Flaggenmasten.

MARLSPIEKERSCHLAG

KNOTEN ZUM FESTMACHEN EINES SEILS AN EINEM STAB

Der Name dieses Knotens leitet sich vom sogenannten Marlspieker ab, bei dem er meist verwendet wird. Der Marlspieker, ein eiserner Dorn mit einem Knauf an einem Ende, wird von Taklern beim Spleißen zum Aufdröseln von Seilenden benutzt.

SO WIRD'S GEMACHT

1. Eine Schlaufe im Seil bilden.

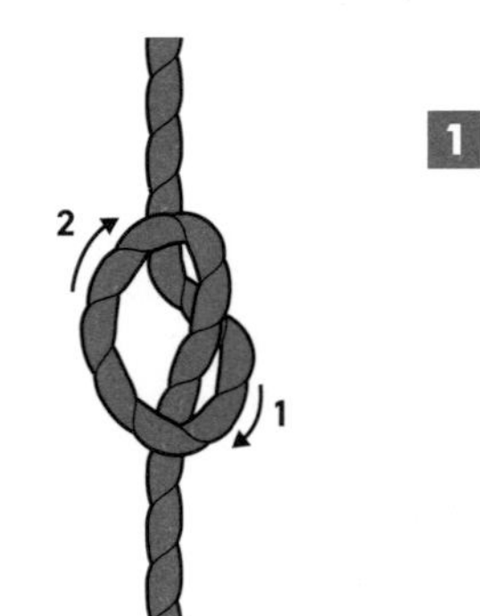

2. Aus dem stehenden Part eine Schleife durch die Schlaufe ziehen.

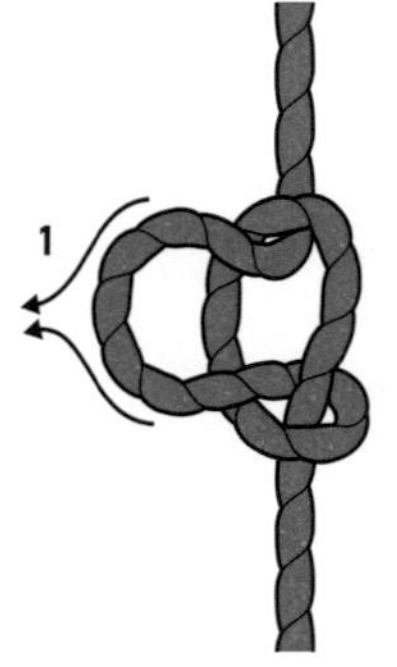

TIPP: DAS IST ZU BEACHTEN

Dieser Knoten sollte oft geprüft und bei Bedarf wieder festgezogen werden. Beim Fertigen einer Strickleiter oder eines Griffs gibt es eine richtige und eine falsche Richtung, in die der Marlspiekerschlag geknüpft werden kann. Die »Kreuzung« der Knotenschlaufe sollte sich wie abgebildet jeweils unterhalb der Sprossen befinden. Befindet sie sich darüber, kann sich der Knoten bei Belastung verschieben. Bei einem Griff sollte die Schlaufenkreuzung zur ziehenden Person weisen, nicht zur Last, die gezogen wird.

3. Einen Stab, eine Stange oder einen anderen Gegenstand durch die Schleife stecken.

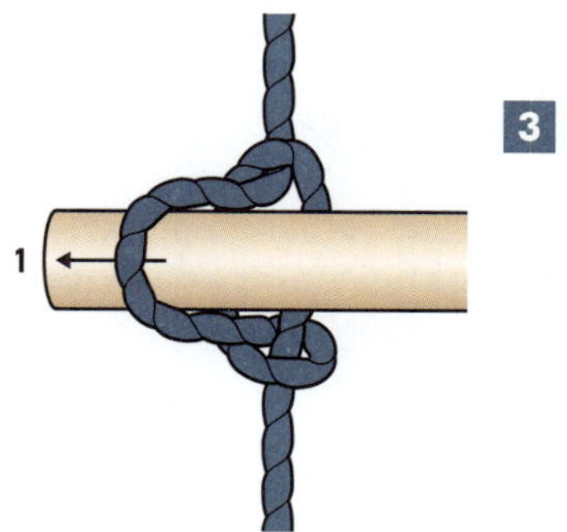

4. Am Seil zu beiden Seiten des Knotens ziehen, um die Schleife um den Stab oder die Stange festzuziehen.

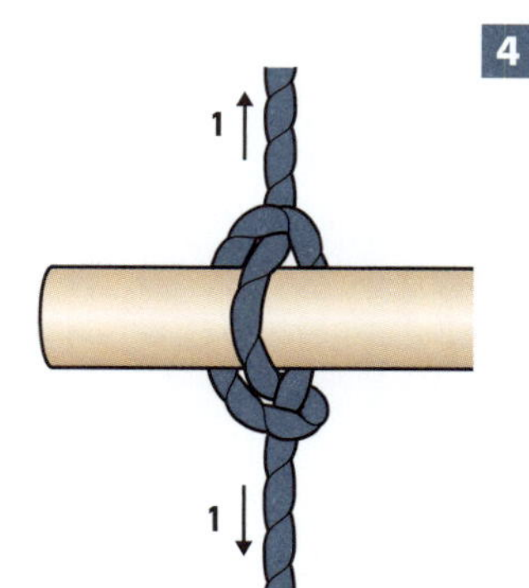

Achtung: Beim Bau einer Leiter keine glatten Stangen verwenden, außerdem müssen die Sprossen breiter als Ihr Körper sein. Sonst kann es passieren, dass die Stange aus dem Knoten rutscht oder geschoben wird – insbesondere, wenn man sich dranhängt.

DAFÜR EIGNET SICH DER MARLSPIEKERSCHLAG

- Auf Schiffen wurde der Knoten früher für viele Aufgaben verwendet, heute kommt er meist beim Fertigen einer Strickleiter zum Einsatz. Dafür braucht man nur geeignete – d. h. stabile und nicht rutschige – Stangen, ein kräftiges, langes Seil und natürlich den Marlspiekerschlag.

- Mit dem Marlspiekerschlag kann man am Ende eines Seils oder auch irgendwo im Seil eine Stange befestigen, die dann als Griff dienen kann. So kann man das Seil besser festhalten.

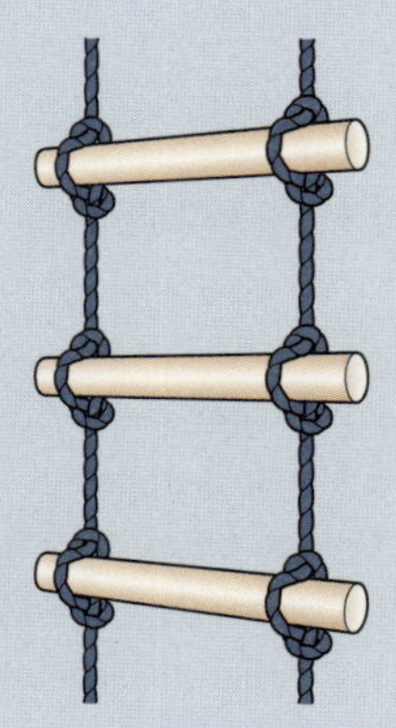

RORINGSTEK

KNOTEN ZUM BEFESTIGEN EINES SEILS AN EINEM ANKER, PFOSTEN ODER PIER

Der Roringstek hat starke Ähnlichkeit mit Zwei Halben Schlägen (siehe S. 22f.). Auch in der Funktionsweise ähnelt er ihnen, wenngleich es doch einige Unterschiede in der Struktur gibt.

SO WIRD'S GEMACHT

1. Das lose Ende des Seils zweimal locker um den Gegenstand, an dem es befestigt werden soll, wickeln.

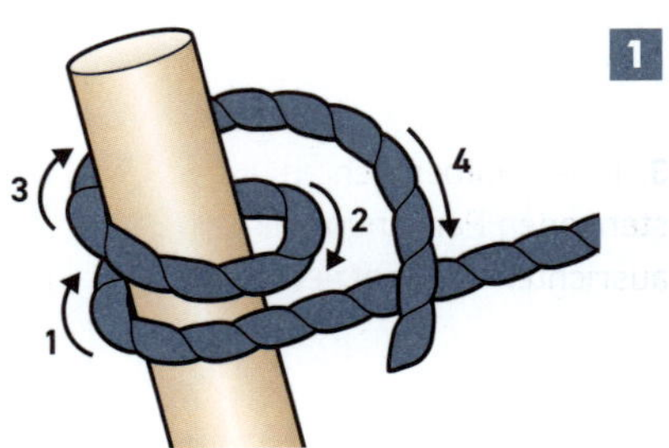

TIPP: EXTRASICHERUNG

Wird der Roringstek verwendet, um etwas sehr Wichtiges zu sichern – etwa den einzigen Anker an Bord –, sollte er noch verstärkt werden, beispielsweise mit einem oder zwei zusätzlichen Halben Schlägen um den stehenden Part des Seils. Wird der Knoten an einem Pfosten geknüpft und ist noch etwas loses Ende übrig, kann mit einem Stopperstek (siehe S. 38f.) am stehenden Part abgeschlossen werden. So bleibt nicht allzu viel Seil auf dem Deck liegen, und der Roringstek wird noch sicherer.

2. Das lose Ende anschließend über den stehenden Part und durch die entstandene Doppelschlinge nach oben führen.

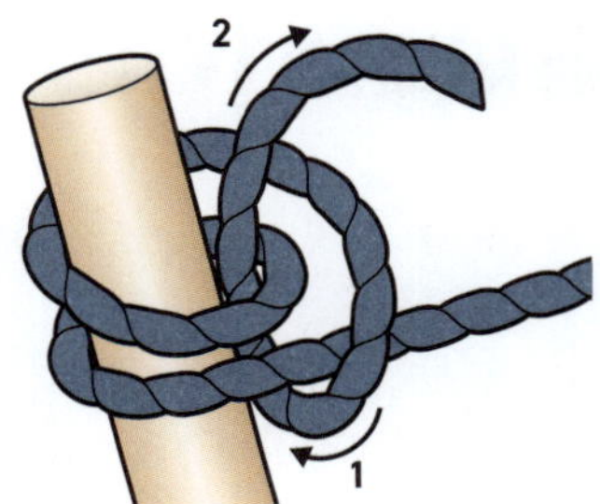

2

3. Einen Halben Schlag um den stehenden Part knüpfen. Den Knoten ausrichten und festziehen.

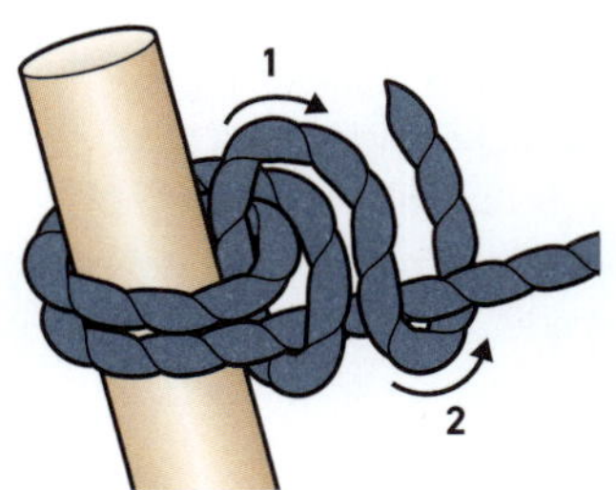

3

DAFÜR EIGNET SICH DER RORINGSTEK

· Mit diesem Knoten befestigt man die Ankerleine am Anker.

· Darüber hinaus kann der Roringstek genutzt werden, um ein Seil an einem Pfosten, an einem Baum oder an einem anderen Gegenstand festzumachen.

· Der Knoten verankert das Seil ebenso sicher wie eine Doppelschlinge und zwei Halbe Schläge.

ASHLEY-STOPPERKNOTEN

KLASSISCHER SEEMANNSSTOPPERKNOTEN

Dieser Knoten ist nach Clifford W. Ashley benannt. Er gehört zu den größten Knotenhistorikern aller Zeiten und hat nach über zehn Jahren umfangreicher Recherche das Buch »Ashley Book of Knots« verfasst. Es erschien 1944, enthält neben fast 4000 Knoten auch viele Geschichten und ist bis heute ein unschätzbares Referenzwerk.

SO WIRD'S GEMACHT

1. Zunächst eine Schleife legen. Diese dann über sich selbst schlagen, um zwei Schlaufen zu erhalten. Die Schlaufe, die sich näher am stehenden Part befindet, sollte die größere sein.

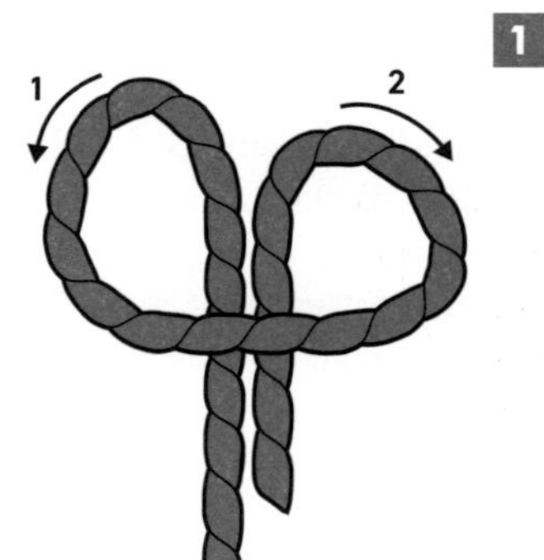

2. Die größere Schlaufe durch die kleinere ziehen.

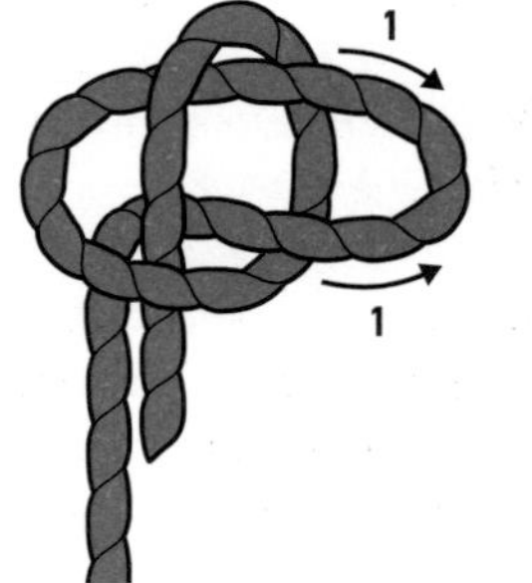

TIPP: VERLÄSSLICHER STOPPERKNOTEN

Der Knoten ist zwar etwas kniffliger als der Achtknoten (siehe S. 26f.), die zusätzliche Mühe jedoch wert. Er ist sicherer als der Achtknoten und viele andere Stopperknoten – solange er korrekt geknüpft ist.

3. Die kleinere Schlaufe festziehen und das lose Ende des Seils durch die größere Schlaufe nach oben führen.

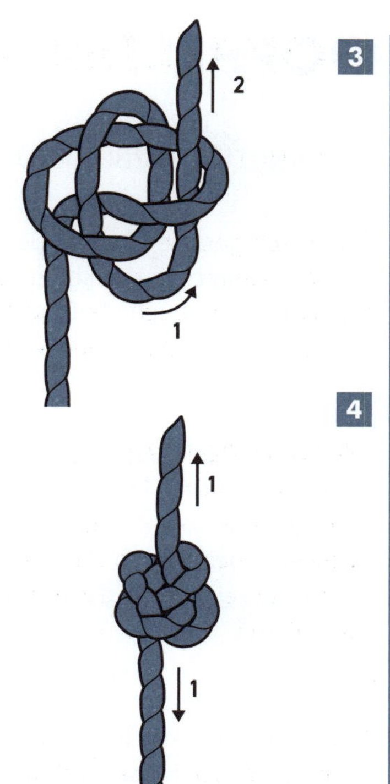

4. Zum Schluss zunächst das lose Ende und dann den stehenden Part festziehen.

Achtung: Werden die beiden Enden des Seils nicht in der oben genannten Reihenfolge festgezogen, bildet sich der Knoten nicht korrekt. Der fertige Knoten sollte symmetrisch und »knubbelig« sein und über von unten gesehen drei gleich große »Beulen« verfügen. Ansonsten: Knoten lösen und noch einmal probieren.

DAFÜR EIGNET SICH DER ASHLEY-STOPPERKNOTEN

- Dieser dicke Stopperknoten lässt sich leicht knüpfen und bietet den Händen am Seil einen festen Halt.

- Ashley selbst nannte den Knoten zwar Austernsammlers Stopperknoten, doch kennt man den Knoten heute eher unter dem Namen, den man ihm Ashley zu Ehren gab. Ohne Ashley wären wir um viele Knoten ärmer!

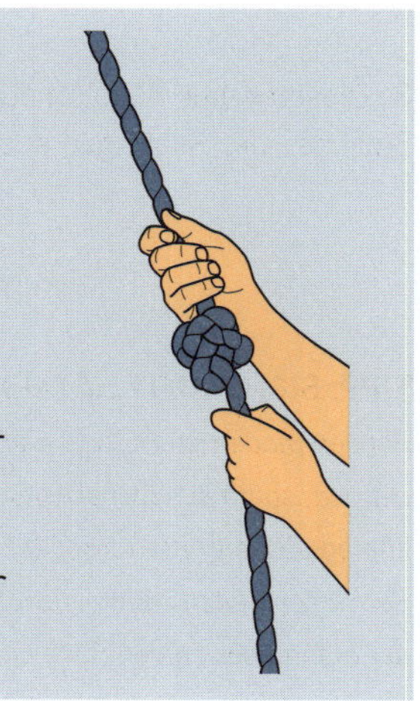

DOPPELTER SPIERENSTICH

DER KNOTEN VERBINDET ÄHNLICHE ODER PASSENDE SEILE

Technisch gesehen ist der Doppelte Spierenstich ein Verbindungsknoten, mit ihm kann man zwei gleiche oder sehr ähnliche Seile aneinander befestigen. Er ist auch als Doppelter Fischerknoten, Doppelter Anglerknoten, Doppelter Englischer Knoten und Weintraubenknoten bekannt.

SO WIRD'S GEMACHT

1. Die beiden losen Enden aus entgegengesetzten Richtungen nebeneinander bringen und das des linken Seils einmal um das des rechten Seils führen.

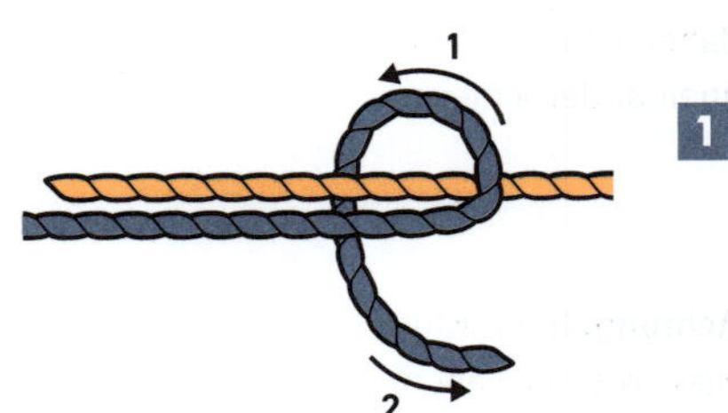

2. Das lose Ende des linken Seils noch einmal um das des rechten Seils und anschließend durch beide entstandenen Schlingen führen.

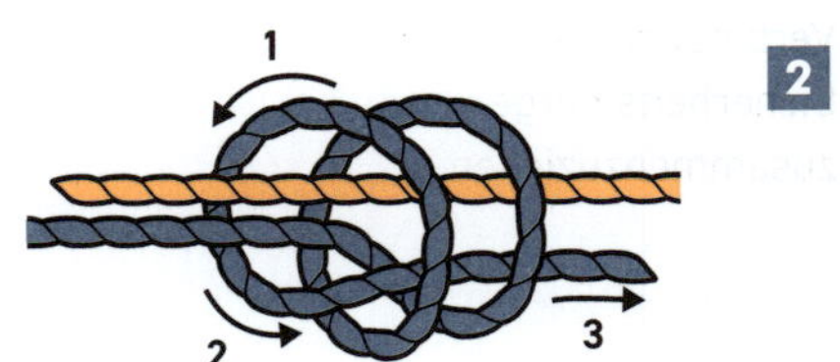

3. Diesen ersten Knoten durch Zuziehen der Schlingen ausrichten.

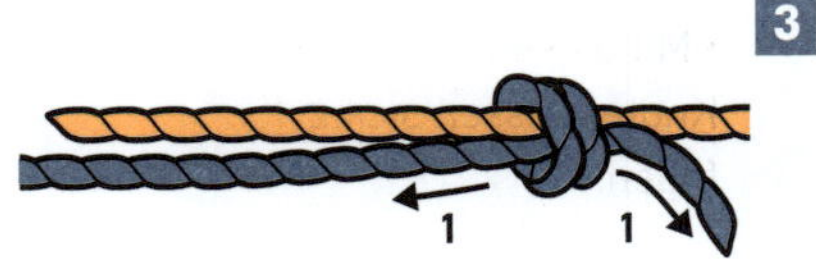

TIPP: SICHERHEIT HAT OBERSTE PRIORITÄT

Bei den modernen Kernmantelseilen, die man z. B. beim Klettern benutzt, sollte aus Sicherheitsgründen besser ein Verbindungsknoten aus dem Kletterkapitel (siehe S. 90ff.) gewählt werden. Bei diesen Seilen könnte sich der Knoten lösen – auch wenn sich der Mantel der beiden Seile nicht bewegt.

4

4. Den Vorgang mit dem losen Ende des rechten Seils um den stehenden Part des linken Seils wiederholen. Den zweiten Knoten ausrichten und zuziehen.

5

5. Den Knoten durch Ziehen am stehenden Part der Seile zuziehen, dabei die beiden Schlingen aneinanderschieben.

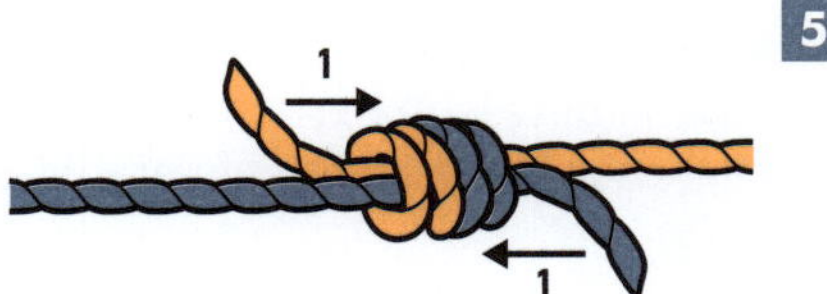

Achtung: Beim Klettern oder Hieven einer Last die losen Enden etwas länger lassen. So hat der Verbindungsknoten eine größere Sicherheitsmarge, um sich zusammenzuziehen.

DAFÜR EIGNET SICH DER DOPPELTE SPIERENSTICH

· Mit diesem kompakten und doch relativ flachen Knoten lassen sich zwei Seile zuverlässig zusammenfügen.

· Der Doppelte Spierenstich lässt sich vergleichsweise leicht knüpfen und auf Korrektheit überprüfen: Er sollte wie zwei perfekt aufeinander abgestimmte Schnürknoten (siehe S. 88f.) aussehen.

· Der Nachteil des Knotens: Er zieht sich so fest zu, dass man ihn kaum mehr lösen kann und die Seile durchschneiden muss.

ACHTKNOTEN MIT SPIERENSTICH

VERBINDET ZWEI GLEICHE SEILE DURCH EINE DREIFACHBEFESTIGUNG

Dieser Knoten macht sich die vereinten Kräfte von Achtknoten und Spierenstich zunutze. Im Kern ist er ein doppelter Achtnoten, dem ein Spierenstichpaar Extrasicherheit verleiht und zudem lose Enden »aufräumt«.

SO WIRD'S GEMACHT

1. Einen Achtknoten (siehe S. 26f.) ins erste Seil knüpfen – nah am Ende, aber nicht ganz. Das zweite Seil zum Achtknoten führen.

2. Das lose Ende des zweiten Seils in den Achtknoten stecken und damit dem »Pfad« des ersten Seils folgen. So entsteht ein zweiter Achtknoten.

TIPP: VIELSEITIGE KOMBI

Muss eine Befestigung her, die wirklich hält, kann man diese Knotenkombination auch noch mit anderen Knoten verbinden. Beispielsweise kann man mit einem Spierenstichpaar aus lockeren losen Enden einen Kreuzknoten knüpfen.

3. Das lose Ende des zweiten Seils aus dem Achtknoten herausführen, sodass es parallel zum stehenden Part des ersten Seils verläuft. Den doppelten Achtknoten ausrichten und festziehen, dabei an beiden losen Enden genug Seil für einen Spierenstich übrig lassen.

4. Nun mit beiden losen Enden jeweils einen Spierenstich (siehe S. 82f.) knüpfen. Zum Schluss alle drei Knoten festziehen.

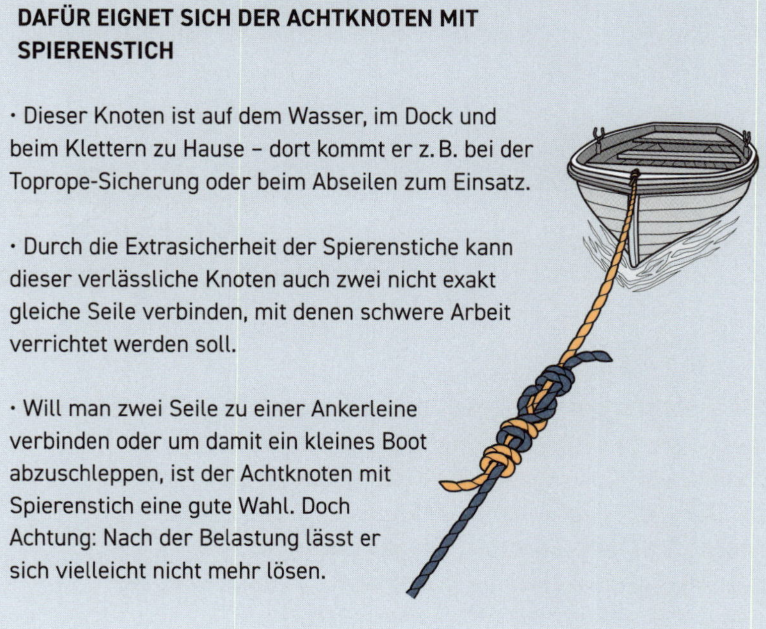

DAFÜR EIGNET SICH DER ACHTKNOTEN MIT SPIERENSTICH

- Dieser Knoten ist auf dem Wasser, im Dock und beim Klettern zu Hause – dort kommt er z. B. bei der Toprope-Sicherung oder beim Abseilen zum Einsatz.

- Durch die Extrasicherheit der Spierenstiche kann dieser verlässliche Knoten auch zwei nicht exakt gleiche Seile verbinden, mit denen schwere Arbeit verrichtet werden soll.

- Will man zwei Seile zu einer Ankerleine verbinden oder um damit ein kleines Boot abzuschleppen, ist der Achtknoten mit Spierenstich eine gute Wahl. Doch Achtung: Nach der Belastung lässt er sich vielleicht nicht mehr lösen.

ALTWEIBERKNOTEN

EIN SEHR SCHLICHTER KNOTEN

Dieser Knoten wird schon seit der Antike geknüpft und kam etwa beim Verschnüren von Säcken gemahlenen Getreides zum Einsatz. Deshalb vermutet man, dass sich die englische Bezeichnung für den Knoten – »granny knot« – von »granary«, Getreidespeicher, ableitet. Doch wie dem auch sei: Jedenfalls lässt sich der Altweiberknoten leicht knüpfen und auch leicht wieder lösen.

SO WIRD'S GEMACHT

1. Zwei Seile oder die beiden Enden eines Seils zueinanderführen. Einen halben Knoten rechts über links knüpfen (oder nach Belieben auch links über rechts).

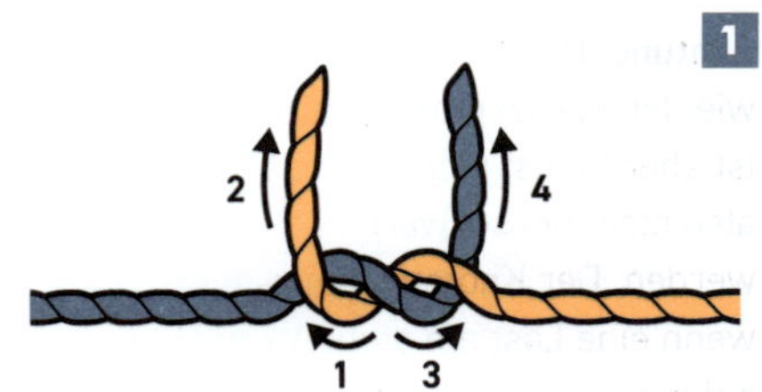

2. Schritt 1 mit einem zweiten, identischen halben Knoten wiederholen.

TIPP: »FALSCHER« KREUZKNOTEN

Viele Menschen knüpfen versehentlich einen Altweiberknoten, wenn sie eigentlich einen Kreuzknoten knüpfen wollen. Beim Kreuzknoten sollten sich das lose Ende und der stehende Part der Seile parallel zueinander befinden, sodass der Knoten einem ineinandergreifenden Schleifenpaar ähnelt. Ragen die Seilenden in vier verschiedene Richtungen kreuzförmig aus dem Knoten heraus, ist ein Altweiberknoten geknüpft worden.

3. Die halben Knoten aneinanderbringen und dann den Knoten festziehen: Dafür abwechselnd an stehendem Part und losem Ende ziehen.

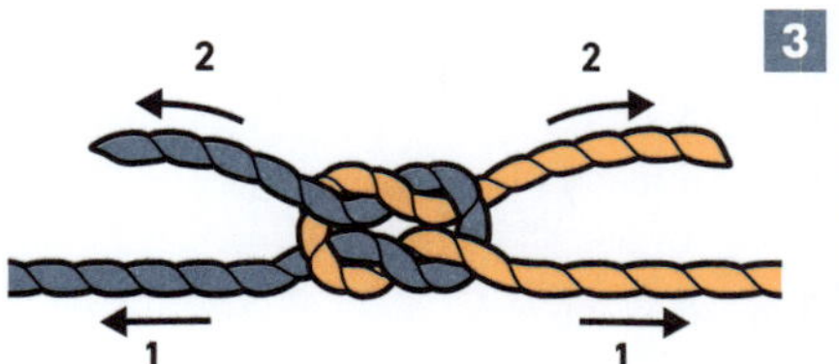

Achtung: Der Altweiberknoten sieht zwar wie der Kreuzknoten (siehe S. 28f.) aus, ist aber längst nicht so robust. Er sollte also nicht bei schweren Lasten verwendet werden. Der Knoten kann sich lösen, wenn eine Last am stehenden Part der beiden Seile zieht – insbesondere bei glatten Seilen.

DAFÜR EIGNET SICH DER ALTWEIBERKNOTEN

· Der Knoten lässt sich schnell und leicht knüpfen, da die Hände die Bewegung wiederholen. Er eignet sich hervorragend zum Zubinden von Tüten, Geschenken, Paketen und Bündeln.

· Explizit NICHT geeignet ist der Knoten zum Verbinden zweier Seile beim Klettern oder für ein Lasching, das halten muss.

SCHNÜRKNOTEN

ZUM ZUSAMMENBINDEN EINES SACKS ODER MEHRERER SEILE

Der Schnürknoten eignet sich hervorragend zum Bündeln von Dingen und hält relativ gut, wenn er mit dünnen Schnüren oder Seilen geknüpft wird.

SO WIRD'S GEMACHT

1. Das lose Ende des Seils um den Sack, das Bündel oder einen anderen Gegenstand wickeln.

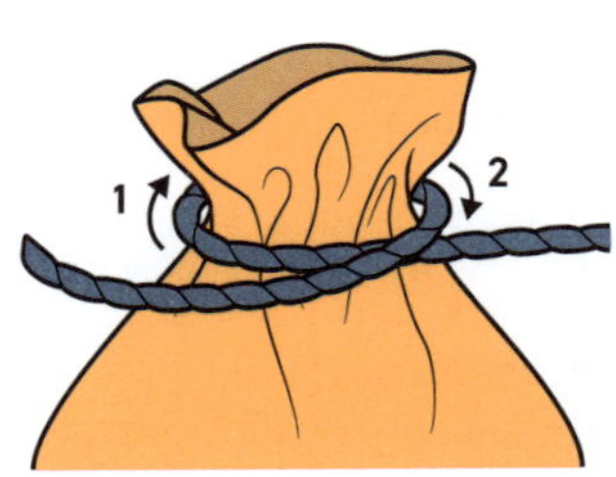

2. Unter der ersten Schlinge ein zweites Mal um den Gegenstand wickeln.

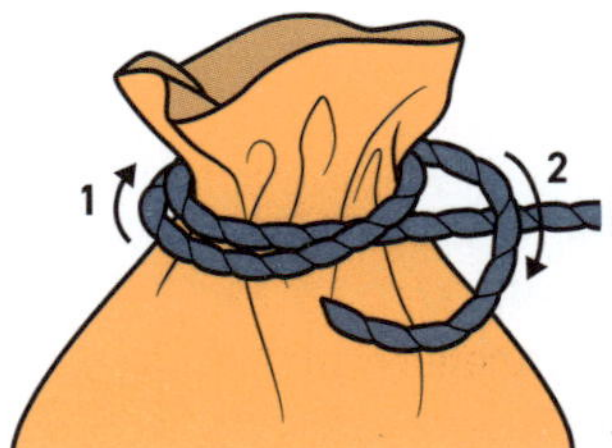

TIPP: DAS GEEIGNETE SEIL

Der Schnürknoten kann zwar auch in dickere Seile geknüpft werden, hält aber besser, wenn man dünnere Seile dafür verwendet. Am besten eignet sich eine grobe Schnur. Seien Sie jedoch nicht überrascht, wenn sich ein Schnürknoten mit einer solchen Schnur nur schwer wieder lösen lässt.

3. Das lose Ende des Seils über den stehenden Part und durch die beiden in Schritt 1 und Schritt 2 entstandenen Schlingen führen.

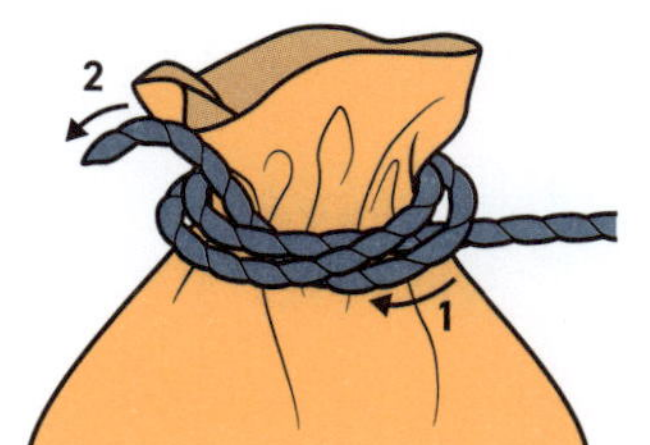

4. Den Knoten so ausrichten, dass die beiden Schlaufen eng aneinanderliegen. Zum Schluss den Knoten festziehen.

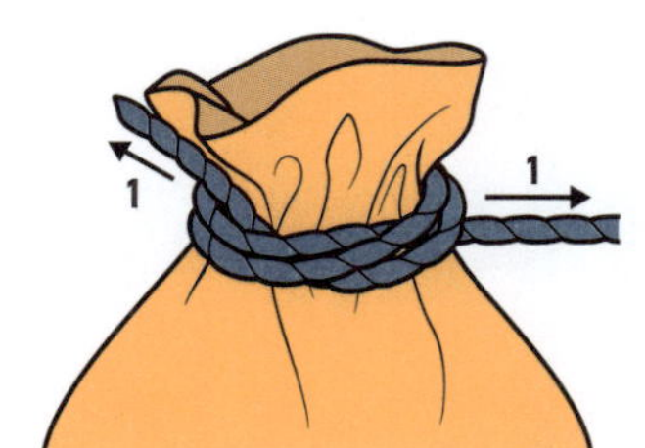

Achtung: Der Knoten ist zwar einfach, aber nicht unbedingt leicht zu knüpfen. Darauf achten, dass das lose Ende auch wirklich durch die Schlingen geführt wird.

DAFÜR EIGNET SICH DER SCHNÜRKNOTEN

- Der Knoten eignet sich zum Zubinden eines Sacks, zum Zusammenbinden eines Seils, das gelagert werden soll, oder auch um zu verhindern, dass sich ein Seil am Ende aufdröselt.

- Zudem kann man mit dem Schnürknoten ein Seil an einer Stange befestigen. Er ist zwar nicht viel stabiler als der Mastwurf (siehe S. 24f.), hält aber relativ gut, wenn man ein schlankes Seil mit rauer Oberfläche benutzt.

04

KLETTER-KNOTEN

Achtknoten mit Schlaufe

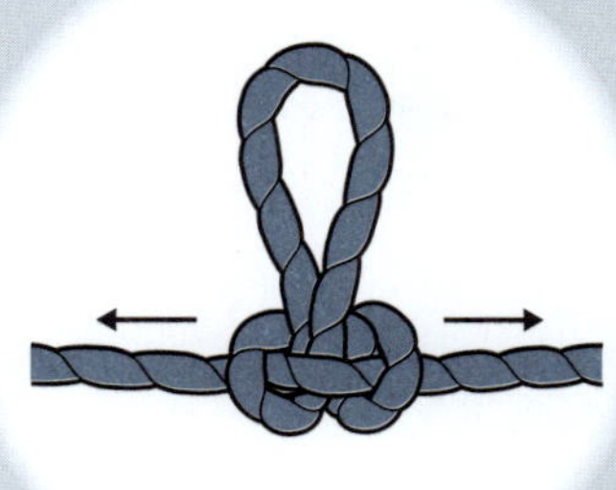

Schmetterlingsknoten

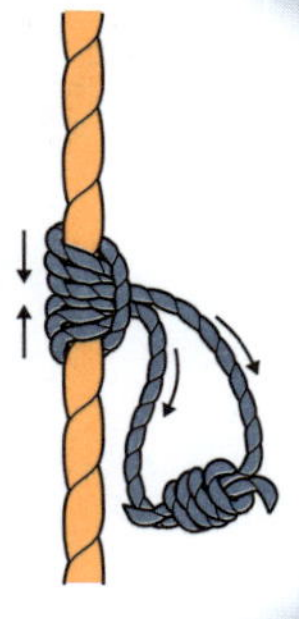

Prusikknoten

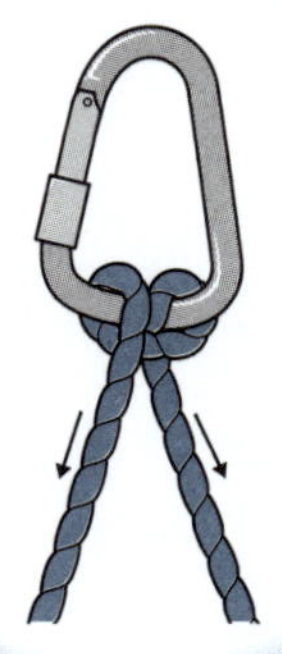

Halbmastwurf

Auf dem Zeltplatz ist es vielleicht nicht so wichtig, mit welchem Knoten man die Ausrüstung zusammenschnürt oder einen Unterschlupf aus Planen baut, und es bedeutet nicht gleich das Ende der Welt, wenn ein Knoten mal nicht hält. Dann fällt vielleicht etwas in sich zusammen oder herunter, und man kann

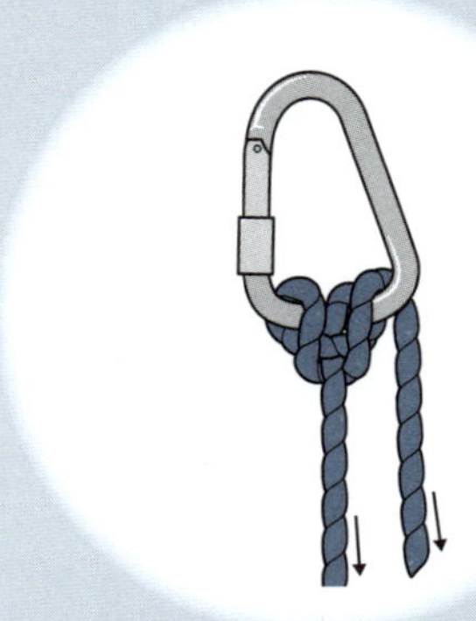

Super-Halbmastwurf

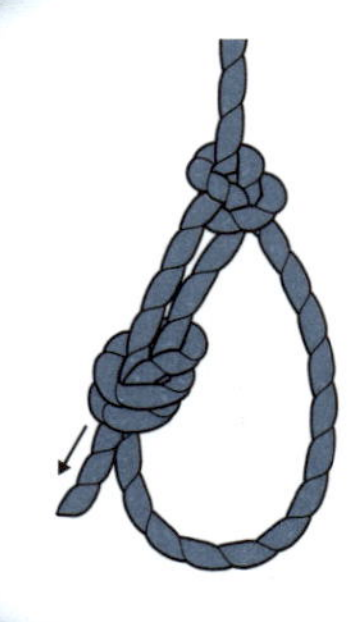

Palstek-Stopperknoten

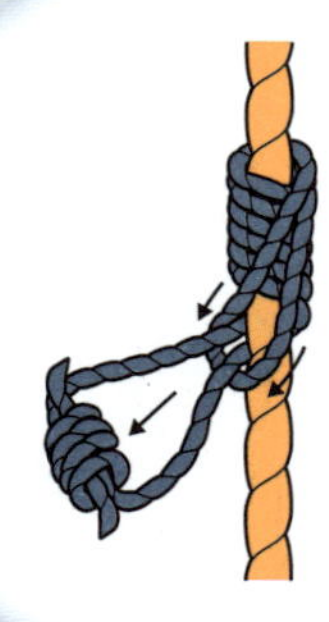

Klemheist

darüber lachen. In der Welt des Kletterns aber ist die Sache viel ernster – todernst, um genau zu sein. Ob man beim Klettern nun auf- oder absteigt, ob man sich von einem Fels abseilt oder einen Baum erklimmt: In all diesen Situationen hängt an den geknüpften Knoten buchstäblich das Leben eines Menschen.

Abgebundener Halbmastwurf

Neunerknoten

Dreifacher Überhandknoten

Deshalb sehen wir uns in diesem Kapitel ausgesprochen robuste Knoten mit interessanten Anwendungsmöglichkeiten an, beispielsweise auch Knoten zum Abseilen. Alle Knoten können beim Klettern zum Einsatz kommen, sind aber auch in anderen Bereichen sehr nützlich.

ACHTKNOTEN MIT SCHLAUFE

SICHERE SCHLAUFE MIT VERDOPPELTEM ACHTKNOTEN

Bei diesem Knoten entsteht durch die Stärke des Achtknotens eine robuste Schlaufe. Da Sie die Größe der Schlaufe selbst bestimmen können, ist dies ein ausgesprochen vielseitiger Knoten.

SO WIRD'S GEMACHT

1. Einen sehr lockeren Achtknoten (siehe S. 26f.) mit jeder Menge Seil am losen Ende knüpfen. Es sollte so viel Seil sein, dass man es um den Gegenstand schlingen und durch die Acht zurückführen kann.

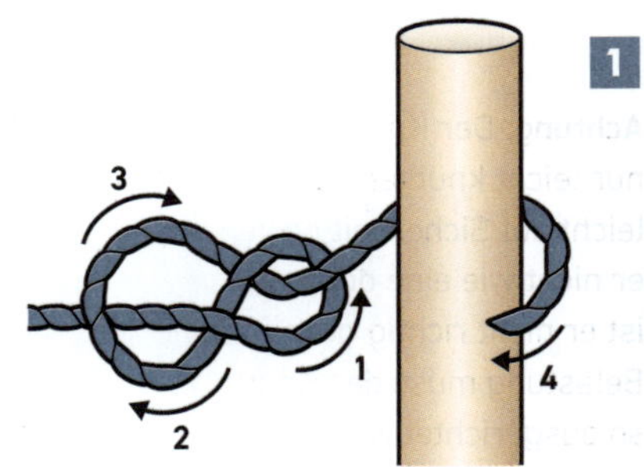

2. Das lose Ende des Seils um den Ankerpunkt und durch die nächste Schlaufe des Achtknotens aus Schritt 1 führen.

TIPP: EXTRASICHERUNG

Zusätzliche Sicherheit bietet ein Stopperknoten am losen Ende des Seils. Wird die Schlaufe zum Heben einer Last benutzt, kann das lose Ende mit einem Spierenstich (siehe S. 82f.) oder Stopperstek (siehe S. 38f.) am stehenden Part des Seils befestigt werden.

3. Mit dem losen Ende weiter dem Achtknoten folgen.

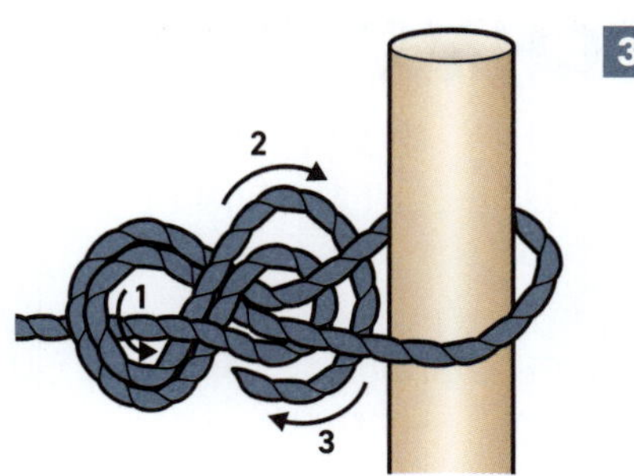

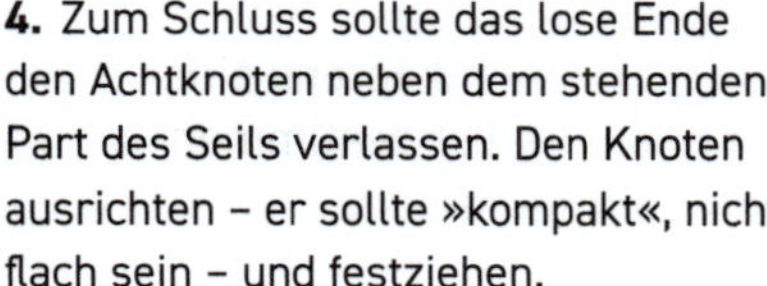

4. Zum Schluss sollte das lose Ende den Achtknoten neben dem stehenden Part des Seils verlassen. Den Knoten ausrichten – er sollte »kompakt«, nicht flach sein – und festziehen.

Achtung: Der Knoten lässt sich nicht nur leicht knüpfen, sondern auch leicht auf Sicherheit prüfen. Sieht er nicht wie eine doppelte Acht aus, ist er nicht richtig geknüpft. Vor der Belastung muss der Knoten unbedingt so ausgerichtet werden, dass die außen laufenden Seilbereiche die innen liegenden komprimieren und der Knoten eine kompakte Form annimmt.

DAFÜR EIGNET SICH DER ACHTKNOTEN MIT SCHLAUFE

• Hat der Knoten eine große Schlaufe, die man z. B. um einen robusten Baum schlingt, kann er in einer Notsituation ein Ankerpunkt zum Abseilen sein.

• Beim Freizeitklettern kann der Knoten mit kleiner Schlaufe in einen Karabiner eingehakt werden.

• Mit mittelgroßer Schlaufe kann der Knoten jemandem zugeworfen werden, der sich im Wasser befindet und Hilfe braucht.

SCHMETTERLINGSKNOTEN

ROBUSTE SCHLAUFE IN DER MITTE EINES SEILS

Der Knoten wurde früher auch von Leitungsmonteuren benutzt, die sich damit z. B. an einem Telefonmast sicherten; heute ist der Schmetterlingsknoten vor allem unter Kletterern und Bergsteigern bekannt. Er sieht an einem Punkt beim Knüpfen tatsächlich aus wie ein Schmetterling und ist zwar etwas kompliziert, die Mühe des Erlernens aber wert.

SO WIRD'S GEMACHT

1. Zwei Schlaufen ins Seil legen, eine über die andere. Die obere Schlaufe sollte viel größer als die untere sein.

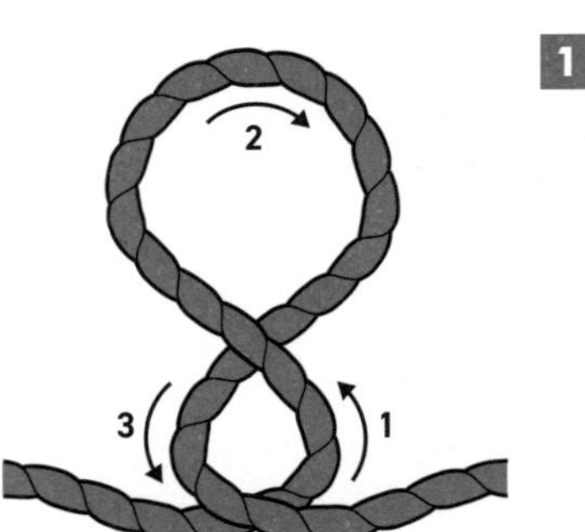

2. Die größere Schlaufe über die kleinere nach unten schlagen.

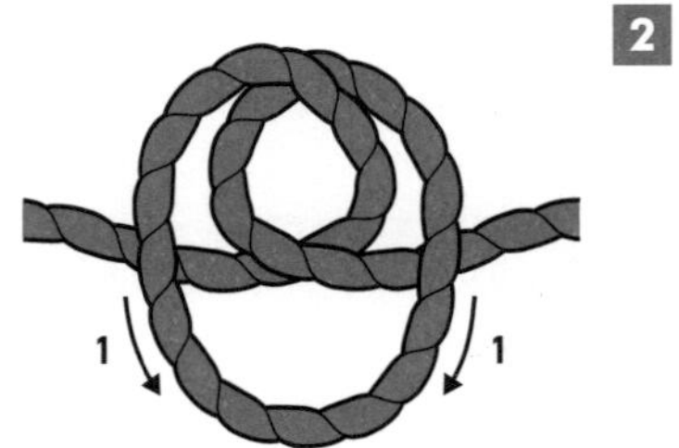

TIPP: BESCHÄDIGTES SEIL

Ist das Seil an einer Stelle eingeschnitten oder verschlissen, muss aber benutzt werden, kann man den beschädigten Abschnitt mit diesem Knoten isolieren. Der entsprechende Abschnitt sollte dann die Schlaufe des Schmetterlingsknotens bilden, sodass er nicht unter Zug steht. Wichtig: Den Mitkletternden mitteilen, dass die Schlaufe nicht sicher ist!

3. Nun die größere Schlaufe zu einer Schleife formen und von unten durch die kleinere Schlaufe nach oben führen.

3

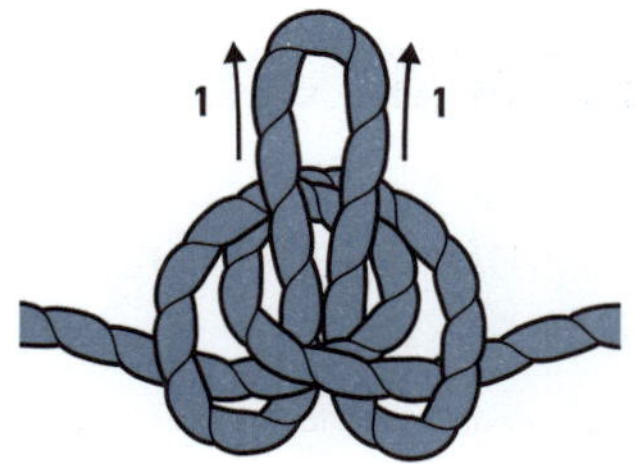

4. Um den Knoten auszurichten und festzuziehen, abwechselnd an der »Schleife« und den beiden Enden des Seils ziehen.

4

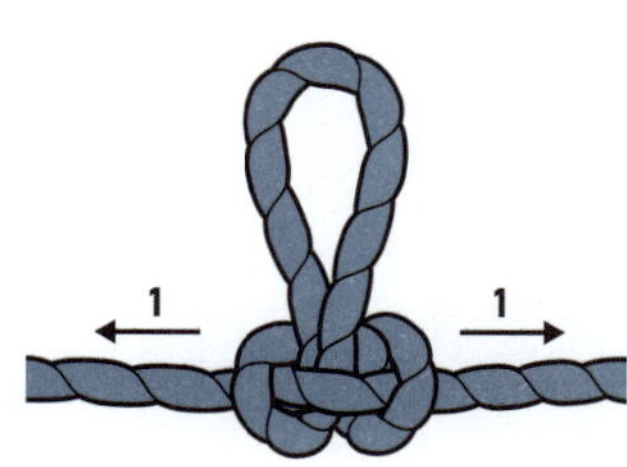

Achtung: Beim Knüpfen dieses Knotens darauf achten, dass beide Schlaufen in derselben Richtung gelegt werden. Ist das nicht der Fall, ist der fertige Knoten ein »falscher« Schmetterlingsknoten, der bei Belastung versagen kann.

DAFÜR EIGNET SICH DER SCHMETTERLINGSKNOTEN

- Kletterern bietet dieser Knoten eine ausgezeichnete Möglichkeit, eine Schlaufe mitten in einem langen Seil zu knüpfen. Häufig wird mit ihm und einem Karabiner der Klettergurt am Seil befestigt.

- Beim Bergsteigen und Wandern verbinden die Schlaufen beim Überqueren eines gefährlichen Bereichs die Mitglieder einer Gruppe an einem gemeinsamen Seil.

- Der Knoten kann auch Bestandteil des Fuhrmannsknotens (siehe S. 56f.) sein. Er hält in beide Richtungen und ist robuster als vergleichbare Knoten wie z. B. der Achtknoten mit Schlaufe (siehe S. 94f.).

PRUSIKKNOTEN

BEFESTIGUNG EINER SCHLAUFE AN EINEM SEIL

Erfunden wurde der Knoten von dem österreichischen Bergsteiger Karl Prusik, der ihn vor fast 100 Jahren als Aufstiegshilfe benutzte. Heute hat der Prusikknoten noch viele andere Verwendungsmöglichkeiten.

SO WIRD'S GEMACHT

1. Zunächst mit einem dünnen Seil eine Schlaufe bilden und diese mit einem Doppelten Spierenstich (siehe S. 82f.) fixieren. Die Schlaufe kann je nach Zweck groß oder klein sein.

1

2. Die Schlaufe um ein zweites, dickeres Seil und durch sich selbst hindurch schlingen. Dabei ergibt sich so etwas wie ein lockerer Ankerstich (siehe S. 46f.).

2

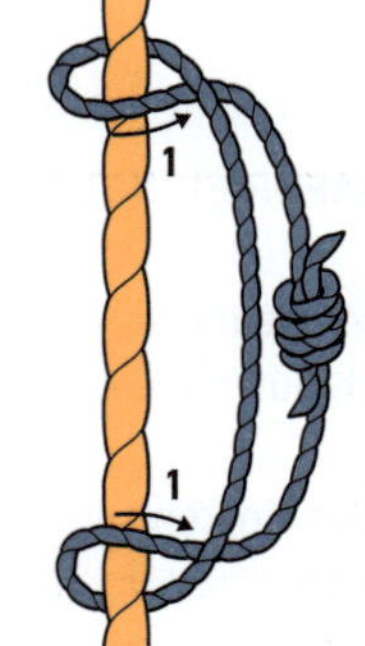

TIPP: ZUSÄTZLICHE SICHERHEIT

Der Prusikknoten hier ist mit drei Umwicklungen geknüpft, er kann aber auch vier oder fünf haben. Je mehr Umwicklungen, desto sicherer ist der Knoten.

3. Schritt 2 zweimal wiederholen; dabei zur Mitte hin arbeiten.

3

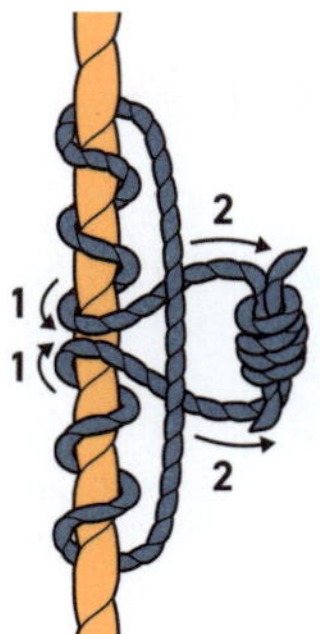

4. Den Knoten so ausrichten, dass die Umwicklungen nah beieinanderliegen und die Schlaufe mittig heraushängt.

4

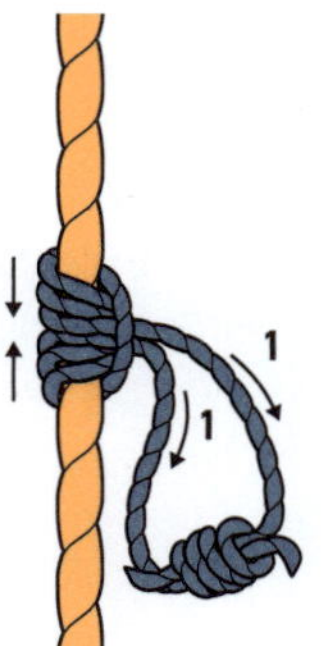

Achtung: Dieser Festmacherknoten braucht Reibung, um zu halten. Ist keine Reibung vorhanden – z. B. wenn die Seile vereist sind –, ist der Knoten nicht mehr sicher. Am besten funktioniert er mit Seilen verschiedener Dicke. Allerdings darf das dünnere Seil nicht zu dünn sein.

DAFÜR EIGNET SICH DER PRUSIKKNOTEN

- Mit dem Prusikknoten kann man nützliche kleinere oder größere Schlaufen an einem Seil knüpfen.

- Der Knoten schadet dem Seil weniger als Aufstiegshilfen aus Metall und ermöglicht es dem Kletterer, durch Verschieben des Knotens – wenn das Gewicht nicht auf dem Hauptseil liegt – am Seil nach oben zu steigen. In ähnlicher Weise kann der Knoten auch zum Absteigen benutzt werden.

- Zudem kann man mit ihm Gegenstände am Seil befestigen.

HALBMASTWURF

UNVERZICHTBARER KLETTERKNOTEN

Kletterer sprechen hier oft auch von Halbmastwurfsicherung oder kurz HMS – der Knoten ist beim Klettern unverzichtbar und kommt, wie bereits erwähnt, vor allem bei der Sicherung zum Einsatz. Bei Gebrauch erzeugen die Umwicklungen Reibung und ermöglichen so einen kontrollierten Abstieg.

SO WIRD'S GEMACHT

1. Eine Schlaufe im Seil bilden, mit dem losen Ende über dem stehenden Part, und die Schlaufe in einen geöffneten Karabiner einhängen.

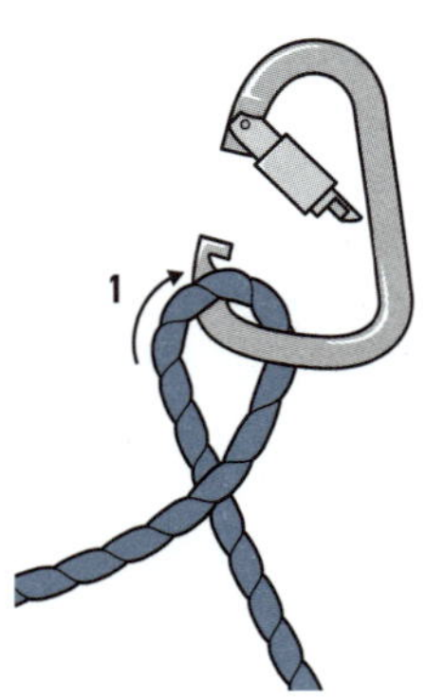

1

2. Außerhalb des Karabiners eine zweite Schlaufe bilden. Dabei wiederum das lose Ende des Seils über den stehenden Part führen.

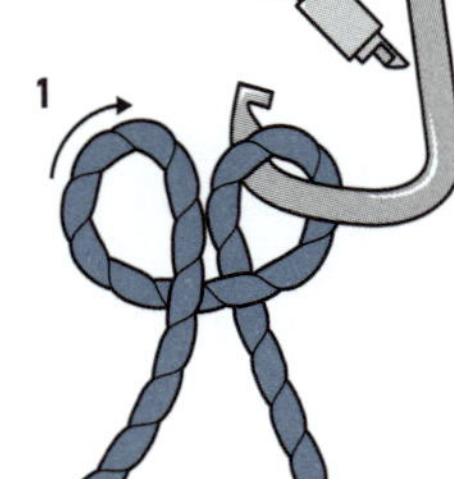

2

TIPP: ABSEILEN

Mit einiger Übung kann man den Halbmastwurf auch beim Abseilen verwenden. Da dabei jedoch viel Reibung erzeugt wird, leidet das Seil enorm. Deshalb kommt der Halbmastwurf zum Abseilen im Allgemeinen nur bei Rettungsaktionen zum Einsatz.

3. Auch die zweite Schlaufe in den Karabiner einhängen.

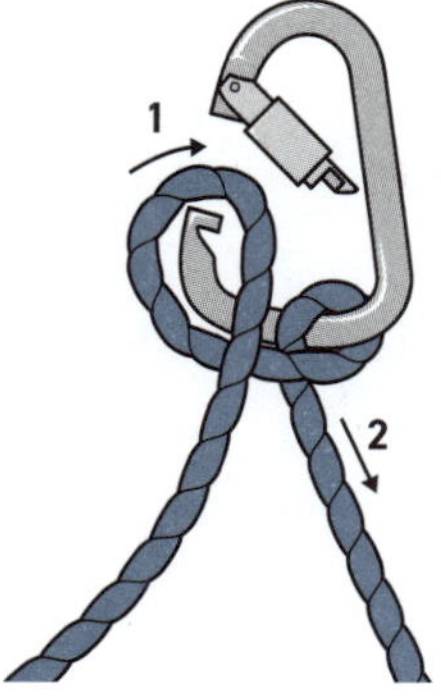

4. Den Karabiner schließen und den Knoten festziehen.

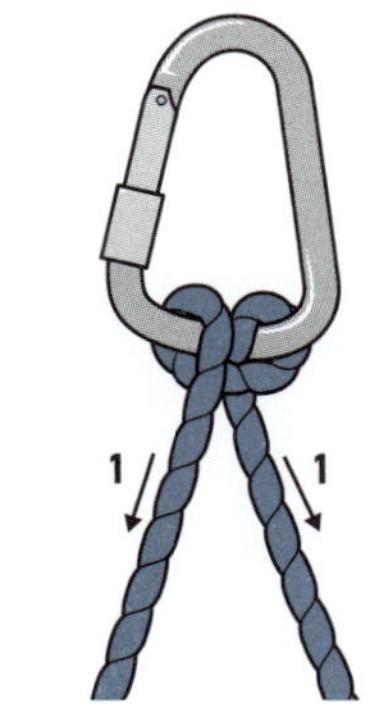

Achtung: Bei Karabinern mit Schraubverschluss sollte man diesen im Auge behalten. Durch die Reibung des Seils kann sich der Schraubverschluss öffnen. Beim Klettern unbedingt einen geeigneten HMS-Karabiner verwenden.

DAFÜR EIGNET SICH DER HALBMASTWURF

- Nutzt man den Knoten zur Sicherung, braucht man keine Extraausrüstung – nur einen passend geformten Karabiner (birnenförmig oder zumindest so breit, dass zwei Seilschlaufen hieinpassen), ein gutes Seil und einen vertrauenswürdigen Sichernden.

- Mit dem Halbmastwurf kann man auch Lasten ablassen. Der Knoten kann sich selbst regulieren: Je mehr Gewicht an ihm hängt, desto fester wird er. Weil die Festigkeit Reibung erzeugt, kann der Knoten wie eine »Bremse« am Seil wirken.

SUPER-HALBMASTWURF

ERWEITERTE VERSION DES HALBMASTWURFS

Dieser Knoten eignet sich vor allem dazu, schwerere Kletterer oder schwere Ausrüstung abzulassen. Er bietet mehr Sicherheit als der Halbmastwurf und hält mehr Gewicht aus.

SO WIRD'S GEMACHT

1. Zunächst einen regulären Halbmastwurf (siehe S. 100f.) in den Karabiner mit Schraubverschluss einhängen.

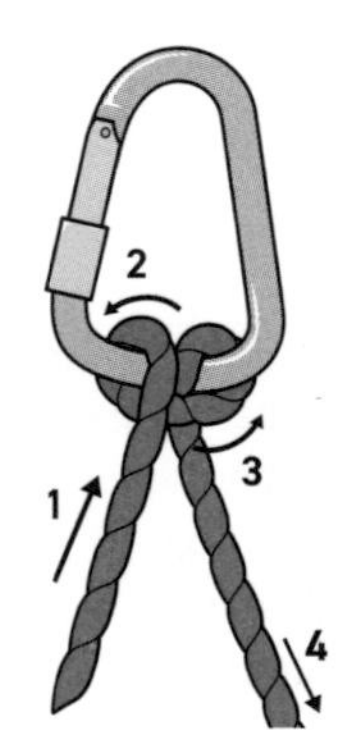

1

2. Das »Schwanzende« des Seils (der Teil, der von dem Sichernden gehalten wird) wird unterhalb der beladenen Seite des Seils durchgeführt (das ist der Teil, der das Gewicht trägt).

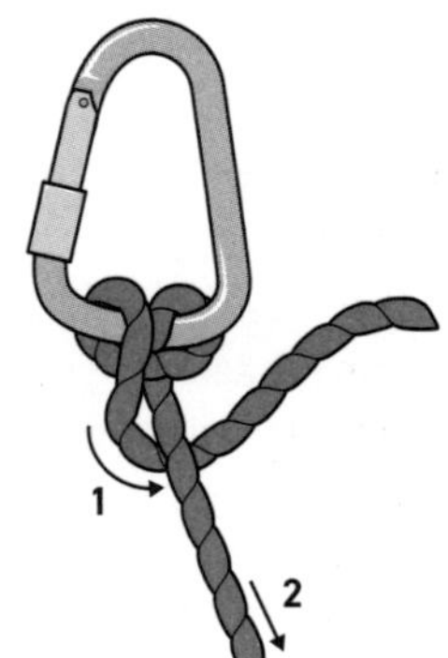

2

TIPP: KNICKFREIES SEIL

Beim regulären Halbmastwurf können sich mit der Zeit Knicke im Seil bilden. Durch die zusätzliche Schlinge im Seil passiert das beim Super-Halbmastwurf nicht.

3. Das »Schwanzende« durch den Karabiner führen.

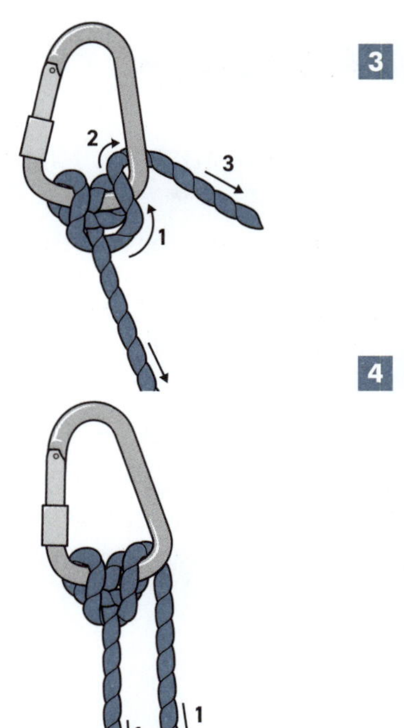

4. Den Knoten mittig unten im Karabiner ausrichten und das »Schwanzende« des Seils festhalten.

Achtung: Der Super-Halbmastwurf sollte dem Karabinerverschluss gegenüber sitzen. So kann das »Schwanzende« des Seils den Schraubverschluss nicht versehentlich öffnen.

DAFÜR EIGNET SICH DER SUPER-HALBMASTWURF

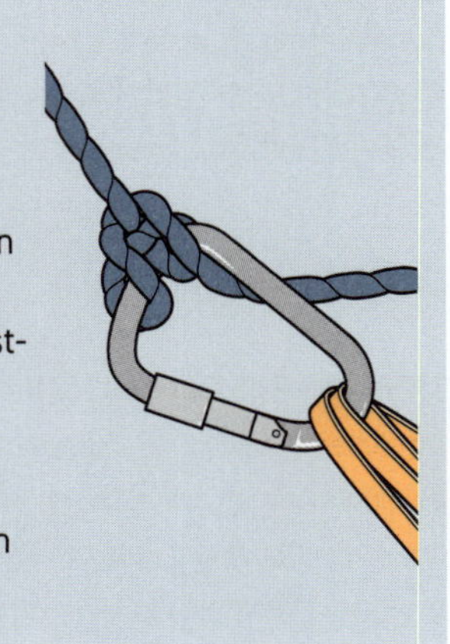

- Mit dem Knoten kann man schwere Lasten ablassen, häufig kommt er bei Rettungsaktionen zum Einsatz. Dank der Extrareibung hält der Knoten viel mehr aus als der einfache Halbmastwurf – und erfordert weniger Muskelkraft.

- Der einzige Nachteil: Durch die zusätzliche Reibung eignet sich der Knoten weniger für den Dauergebrauch.

PALSTEK-STOPPERKNOTEN

SOLIDE SCHLAUFE MIT ZUSÄTZLICHER SICHERHEIT

Mit dem Palstek kann man eine verlässliche Schlaufe knüpfen, die sich weder weiter öffnet noch schließt. Da man in der Welt des Kletterns gern auf zusätzliche Sicherheit setzt, benutzt man hier mit Vorliebe den Palstek-Stopperknoten.

SO WIRD'S GEMACHT

1. Zunächst einen regulären Palstek (siehe S. 30f.) knüpfen und dabei das lose Ende des Seils lang lassen.

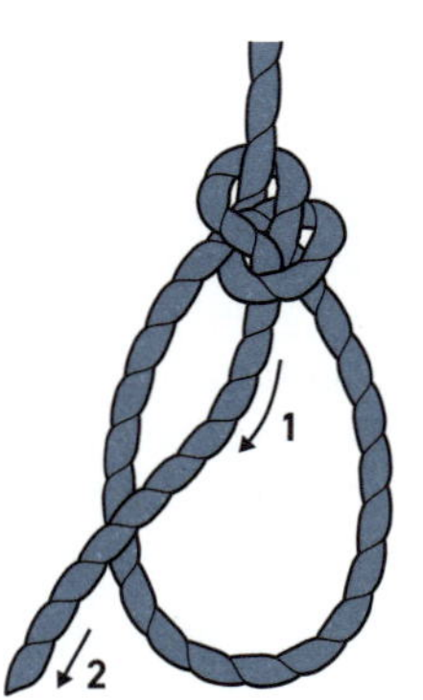

1

2. Nun das lose Ende des Seils um sich selbst und eine Seite der Palstekschlaufe wickeln, um einen Spierenstich (siehe S. 82f.) vorzubereiten.

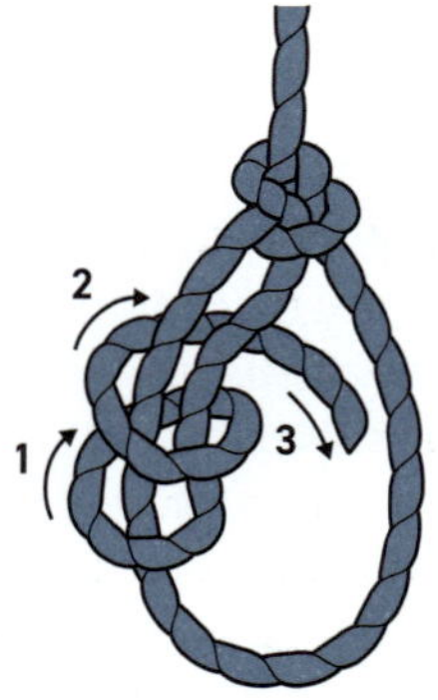

2

TIPP: DIE BESTE POSITION

Der Spierenstich kann an beiden Seiten der Palstekschlaufe geknüpft werden, je nachdem, was praktischer ist. Er kann sogar am stehenden Part des Seils außerhalb der Schlaufe positioniert werden.

3. Das lose Ende des Seils anschließend durch die Schlaufen führen. Den Knoten durch Verdichten der Schlaufen ausrichten und festziehen.

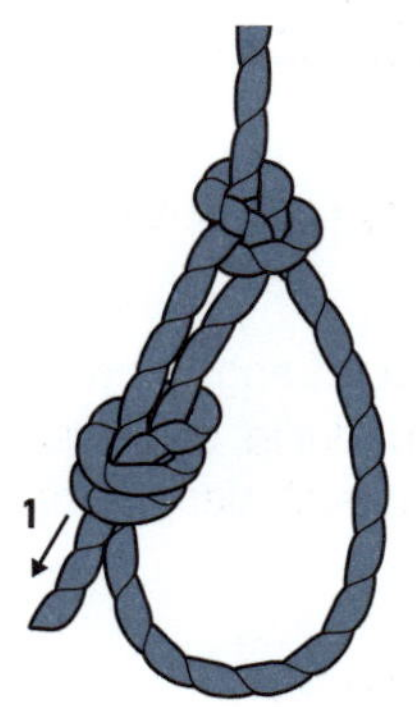

Achtung: Der Palstek ist unter den meisten Bedingungen verlässlich – beim Klettern verhält sich die Sache jedoch etwas anders. Hier kann der Knoten bei einem glatten Seil versagen, vor allem wenn er hin und her geworfen wird. Zusätzliche Sicherheit bietet da der Palstek-Stopperknoten, bei dem dem Palstek noch ein Spierenstich hinzugefügt wird.

DAFÜR EIGNET SICH DER PALSTEK-STOPPERKNOTEN

- Der Palstek-Stopperknoten kann bei Rettungsaktionen sowie beim ganz normalen Klettern zum Einsatz kommen und um etwas an einem Baum oder Pfosten zu befestigen.

- Auch auf dem Wasser sowie beim Zelten wird der Knoten häufig verwendet.

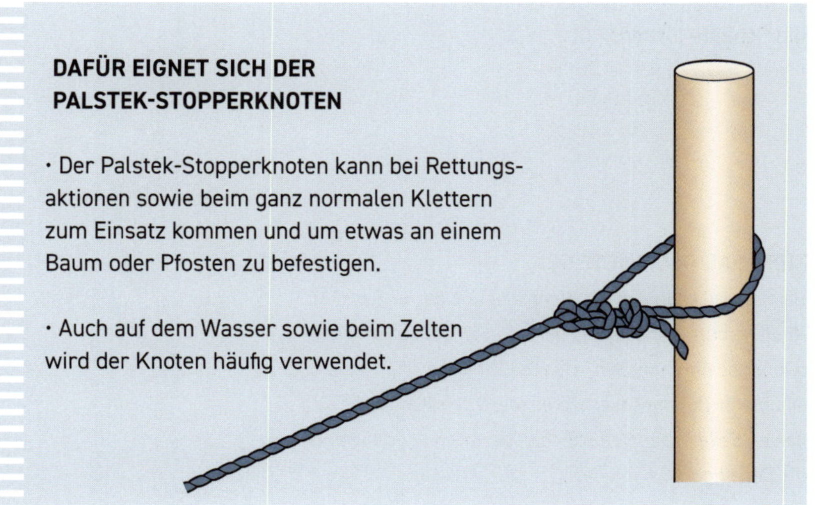

KLEMHEIST

KLEMMKNOTEN ZUM VERSCHIEBEN IN EINE RICHTUNG

Der Klemheist ist eng mit dem Prusikknoten verwandt. Der Hauptunterschied besteht darin, dass der Prusikknoten in beide Richtungen funktioniert, während sich der Klemheist nur in eine Richtung verschieben lässt.

SO WIRD'S GEMACHT

1. Mit Schritt 1 des Prusikknotens (siehe S. 98f.) eine feste Schlaufe im dünnen Seil bilden. Dann eine Schleife der Schlaufe dreimal um das dickere Seil wickeln.

2. Den Knotenteil der Schlaufe durch die Schleife führen.

TIPP: DAS GEEIGNETE SEIL

Beim Prusikknoten, beim Klemheist und bei verwandten Knoten sollte das Seil, aus dem die Schlaufe geknüpft wird, dünner sein als das Seil, das die Last trägt – fünf bis sechs Millimeter Durchmesser wären ideal. Je mehr sich die beiden Seile in der Dicke ähneln, desto weniger sicher ist die Befestigung.

3. Den Knoten durch Ziehen am Knotenteil der Schlaufe ausrichten und so die Schleife an die Umwicklungen anschmiegen. Zum Schluss den Klemheist festziehen.

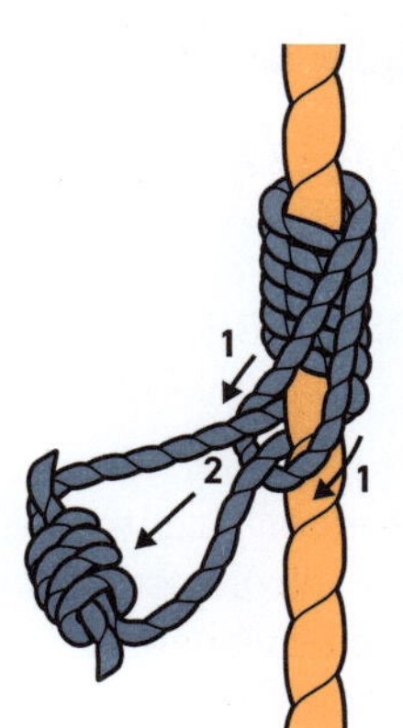

Achtung: Der Festmacherknoten funktioniert durch Reibung: Er hält am dickeren Seil, wenn er belastet wird. Wird das Gewicht entfernt, kann der Klemheist seine Form verlieren. Deshalb den Knoten immer prüfen, bevor er belastet wird.

DAFÜR EIGNET SICH DER KLEMHEIST

· Der Knoten eignet sich zum Auf- und Absteigen und kann bei verschiedenen Aktionen statt des Prusikknotens verwendet werden. Auch beim Segeln und bei der Baumpflege kommt er zum Einsatz.

· In seiner Form kann er je nachdem, wie glatt das Seil ist, an das er geknüpft wird, variieren. Greifen drei Umwicklungen nicht ausreichend, kann eine vierte hinzugefügt werden, bevor die Schlaufe durch die Schleife gezogen wird.

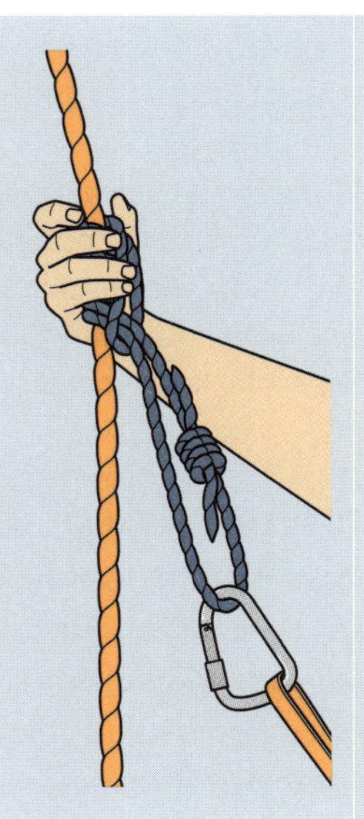

ABGEBUNDENER HALBMASTWURF

VORÜBERGEHENDE SICHERUNG EINES HALBMASTWURFS ODER SUPER-HALBMASTWURFS

Benutzt man einen Halbmastwurf, um jemanden zu sichern oder Ausrüstung hinabzulassen, kann es notwendig werden, das Seil zu sichern. Dafür eignet sich dieser Knoten, eine Kombination aus Slipknoten und Halbem Schlag.

SO WIRD'S GEMACHT

1. Einen Halbmastwurf (siehe S. 100f.) um einen Karabiner knüpfen und aus dem »Schwanzende« jeweils eine Schlaufe auf beiden Seiten des Lastseils formen. Die beiden Schlaufen sollten sich spiegeln.

1

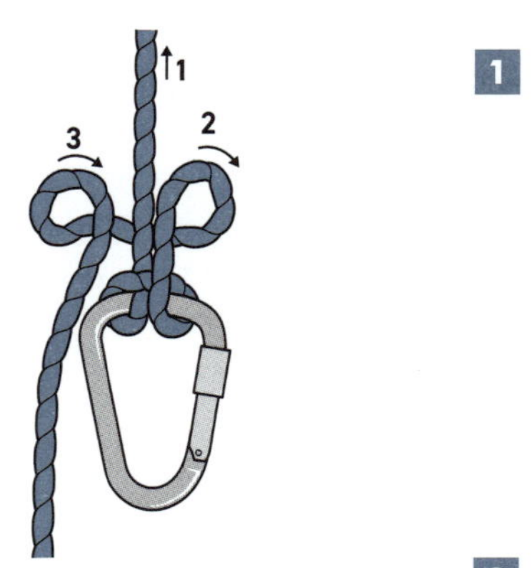

2. Die zweite Schlaufe durch die erste führen und noch etwas Seil vom »Schwanzende« nachschieben, um eine Schleife zu bilden. Das ist die Slipknotenkomponente.

2

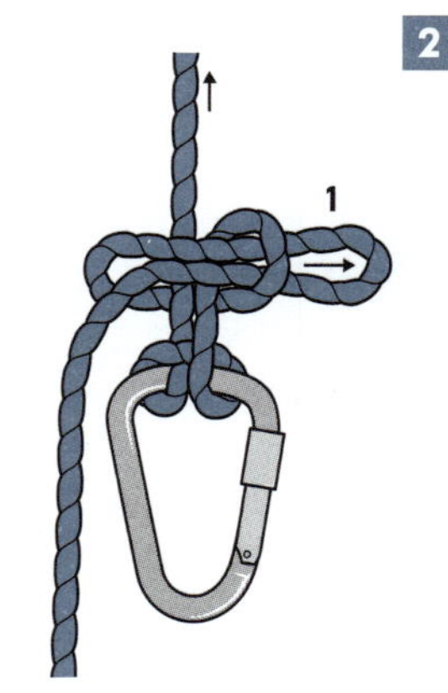

TIPP: ERSTE WAHL

Dieser Knoten ist nicht die einzige Möglichkeit, einen Halbmastwurf zu sichern, aber eine sehr verlässliche. Zudem lässt er sich leichter wieder lösen als einige seiner Alternativen – insbesondere nach einer starken Belastung.

3. Die Schleife hinter dem Lastseil entlangführen.

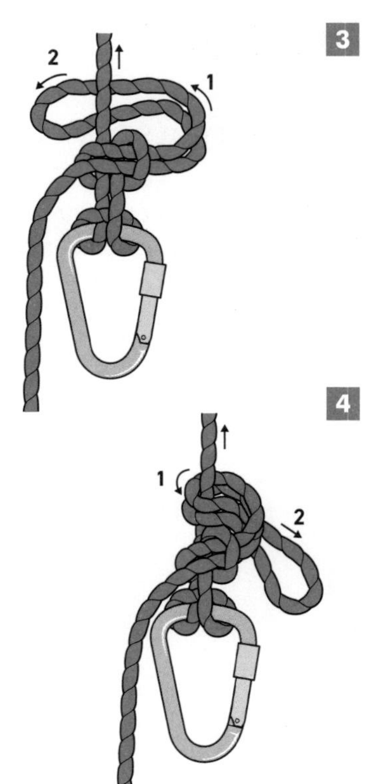

4. Nun die Schleife unter sich selbst durchziehen, um den Halben Schlag zu knüpfen. Zum Schluss den Knoten ausrichten und festziehen.

Achtung: Der Slipknoten allein ist für diese Befestigung nicht sicher genug. Erst durch den Halben Schlag wird er sicher fixiert.

DAFÜR EIGNET SICH DER ABGEBUNDENE HALBMASTWURF

• Hauptverwendung des Knotens ist die vorübergehende Sicherung eines halbmastwurfähnlichen Festmacherknotens.

• Da der Knoten mit einer Schleife geknüpft werden kann, muss das Ende des Seils nicht frei sein. Zudem lässt er sich leicht wieder lösen, wenn der Halbmastwurf wieder zum Sichern genutzt werden soll.

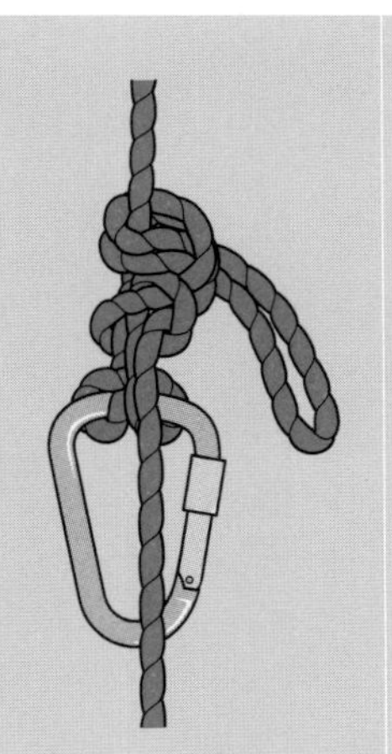

NEUNERKNOTEN

EINS BESSER ALS DER ACHTKNOTEN

Mit dem Neunerknoten kann man eine solide Schlaufe am Ende eines Seils knüpfen. Er ähnelt dem Achtknoten, ist aber kräftiger. Darüber hinaus ist er nicht viel schwieriger als der Achtknoten und lässt sich nach der Belastung leichter lösen.

SO WIRD'S GEMACHT

1. Gegen Ende des Seils eine lange Schleife formen und diese zu einer Schlaufe legen.

2. Die Schleife um das doppelte Seil zurückschlingen.

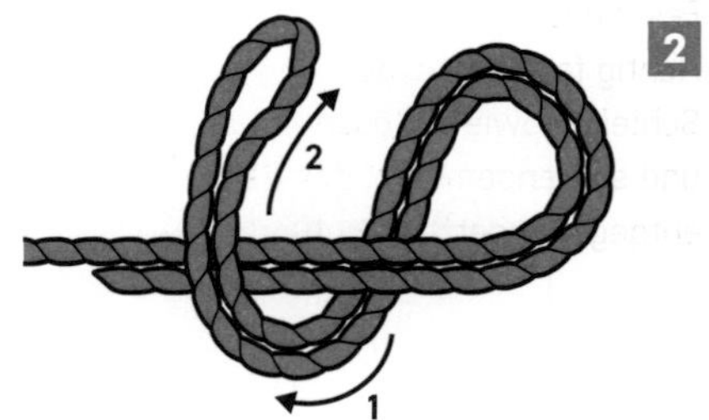

TIPP: DAS GEEIGNETE SEIL

Aufgrund der massigeren Schlaufe eignet sich der Neunerknoten am besten für dünnere und biegsamere Seile sowie für Gurte. Mit einem schweren, steifen Seil lässt er sich nur schwer knüpfen.

3. Die Schleife unter der Schlaufenkreuzung entlangführen.

4. Die Schleife anschließend oben durch die Schlaufe führen.

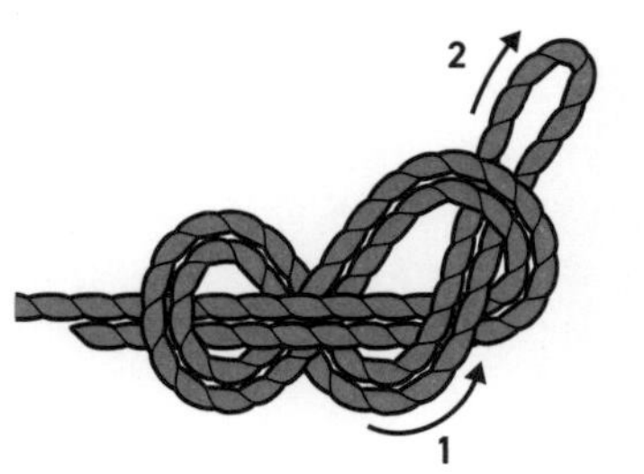

5. Den Knoten durch leichtes Festziehen ausrichten und dann richtig festziehen; dafür an der Schleife sowie an losem Ende und stehendem Part des Seils in entgegengesetzte Richtungen ziehen.

DAFÜR EIGNET SICH DER NEUNERKNOTEN

- Höhlenkletterer und Kletterer benutzen den Neunerknoten häufig, um ein Seil an einem Ankerpunkt zu befestigen, doch ist er auch für alles andere nützlich, für das eine fixierte Schlaufe benötigt wird.

DREIFACHER ÜBERHANDKNOTEN

STABILER STOPPERKNOTEN

Der auch als Tonnenknoten bezeichnete Dreifache Überhandknoten kann zum besten Freund des Kletterers werden. Der Stopperknoten verhindert, dass das Seil durch die Sicherung rutscht, wenn etwas schiefgeht.

SO WIRD'S GEMACHT

1. Gegen Ende des Seils eine Schlaufe bilden und dabei etwas Seil am losen Ende übrig lassen.

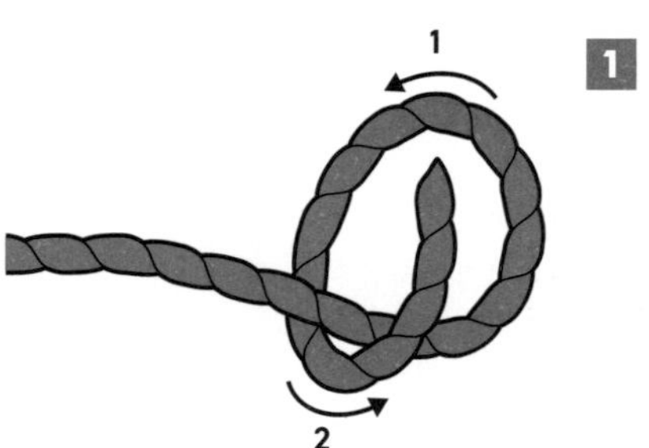

2. Zwei weitere Schlaufen um den stehenden Part des Seils bilden.

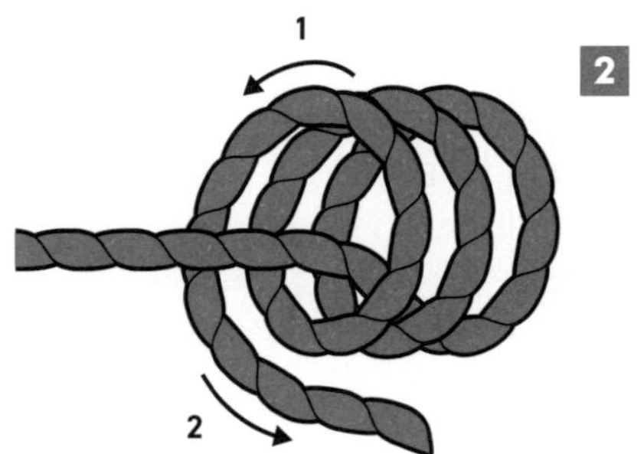

TIPP: EXTRASICHERUNG

Beim fertigen Dreifachen Überhandknoten sollten noch mehr als 45 Zentimeter Seil als »Schwanzende« aus dem Knoten herausragen.

3. Das lose Ende des Seils durch alle drei Schlaufen führen und den Knoten dabei leicht festziehen.

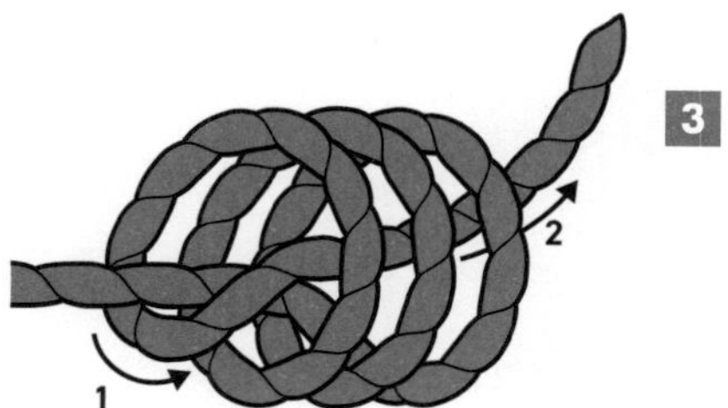

4. Den Knoten ausrichten und dann richtig festziehen: Dafür an losem Ende und stehendem Part in entgegengesetzte Richtungen ziehen.

DAFÜR EIGNET SICH DER DREIFACHE ÜBERHANDKNOTEN

- Der Dreifache Überhandknoten kann verhindern, dass das freie Seil durch die Sicherung – oder die Hände – rutscht. Im Wesentlichen stellt er eine Möglichkeit dar, das Sicherungs- und Abseilsystem zu schließen.

- Der Knoten lässt sich zwar leicht knüpfen, nach einer starken Belastung aber nur schwer wieder lösen.

- Durch das Gewicht der drei Schlaufen kann er auch als Wurfknoten verwendet werden.

05

ANGEL-KNOTEN

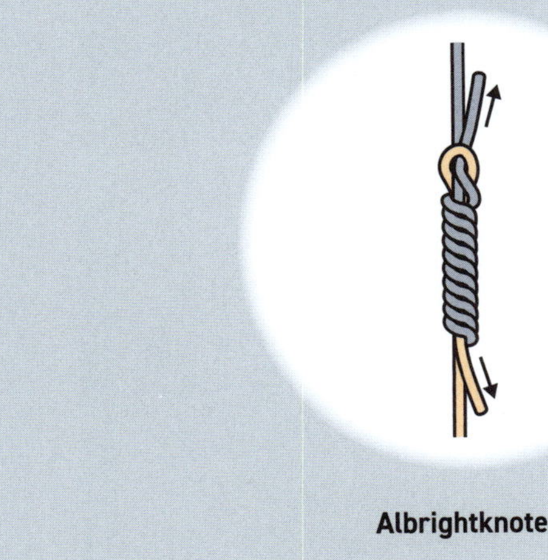

Albrightknoten

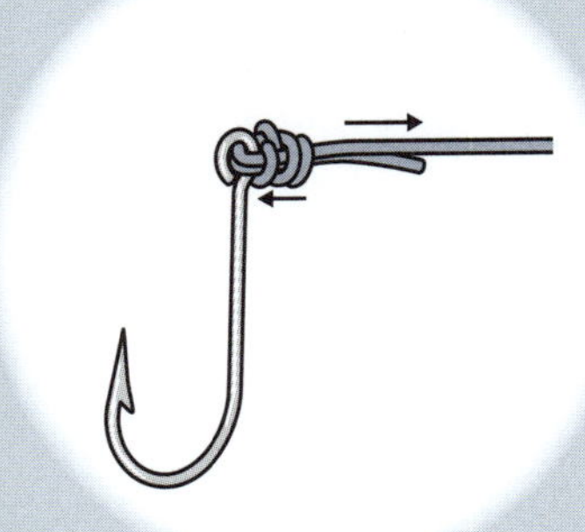

Palomar-Knoten

Turle-Knoten

Seit Tausenden von Jahren angeln und fischen die Menschen in Bächen und Teichen, Flüssen und Meeren nach Fischen – um an Nahrung zu gelangen oder zum Freizeitvergnügen. Zwar fischen wir gelegentlich noch immer mit Speeren und Reusen, die meisten Menschen benutzen dazu jedoch Angelrute und -schnur.

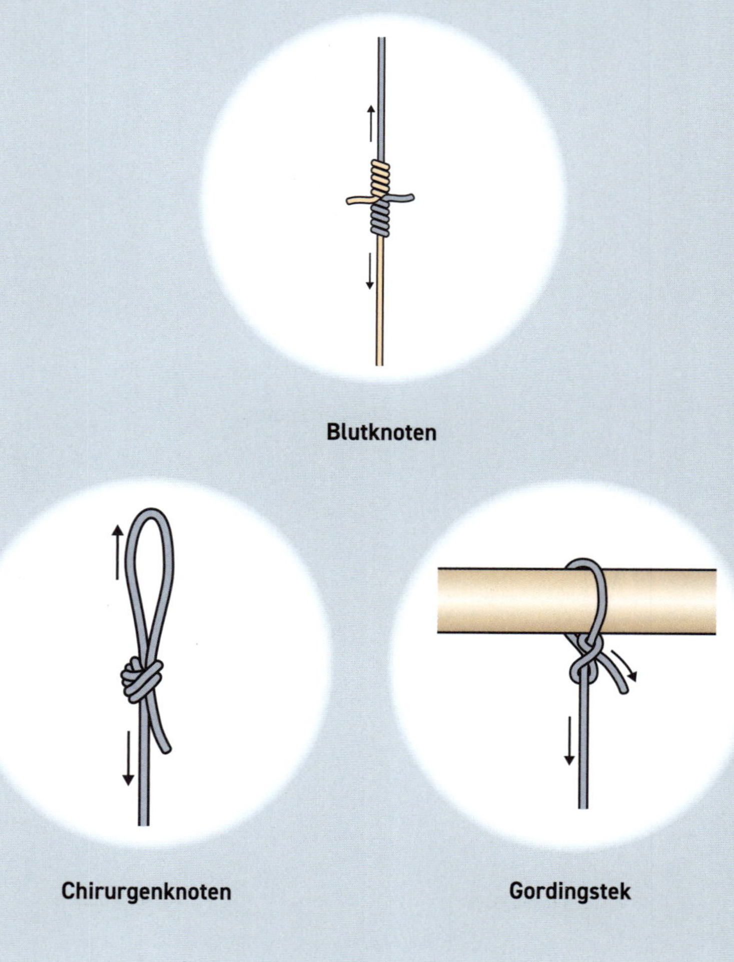

Blutknoten

Chirurgenknoten

Gordingstek

Früher wurde die Schnur aus kräftigen Pflanzenfasern geflochten. Dabei waren verrottungsresistente Fasern natürlich am begehrtesten, da sie den Wechsel zwischen Nass und Trocken am besten aushielten. Heute bestehen die Schnüre in der Regel aus synthetischem Material, bei dem wir uns beim Thema Nässe

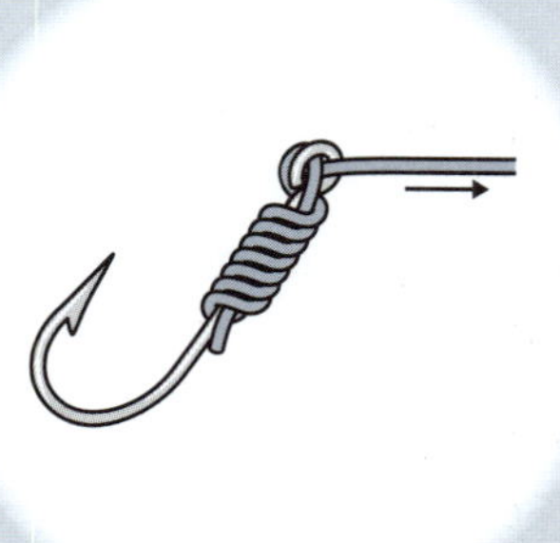

Snell-Knoten

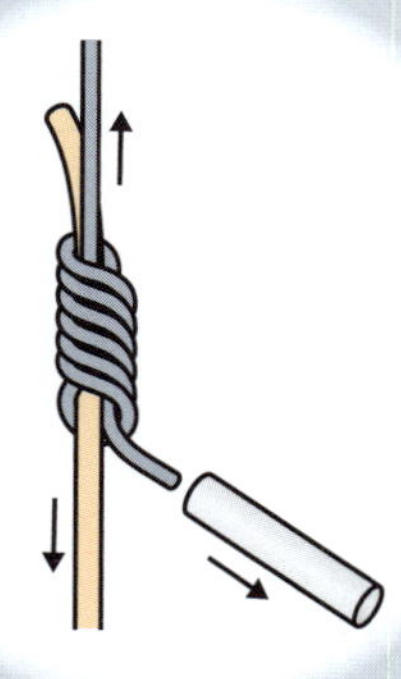

Nagelknoten

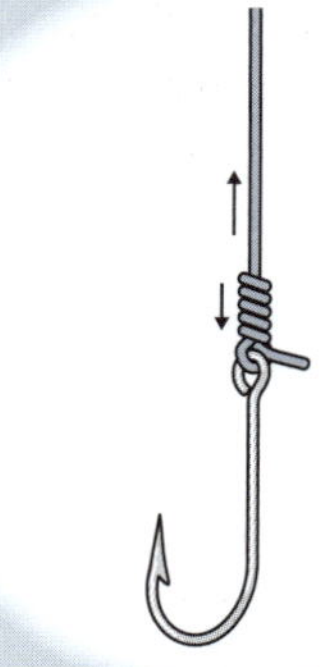

Verbesserter Clinchknoten

keine Sorgen machen müssen. Allerdings haben sie auch einen Nachteil: In viele der Plastikschnüre lassen sich nicht die Knoten knüpfen, die man in natürliches Material knüpfen kann. Deshalb finden Sie in diesem Kapitel nur Knoten, die sich auch für die moderne Angelausrüstung eignen.

ALBRIGHTKNOTEN

VERBINDET ZWEI SCHNÜRE MIT EINEM SCHLANKEN KNOTEN

In den 1950er-Jahren entwickelte der in Florida ansässige Angel-Guide Jimmy Albright einen einzigartigen Knoten zum Tarpunenfischen. Der »Schotstek der Angelschnur« ermöglichte es Anglern erstmals, zwei völlig unterschiedliche Schnüre miteinander zu verbinden. Der Knoten ist auch heute noch in Gebrauch und nach seinem Erfinder benannt.

SO WIRD'S GEMACHT

1. Zunächst mit der dickeren oder kräftigeren Schnur eine Schleife bilden. Werden Stahlvorfächer benutzt, den Draht zu einer Schleife biegen. Die dünnere Schnur von hinten durch die Schleife führen.

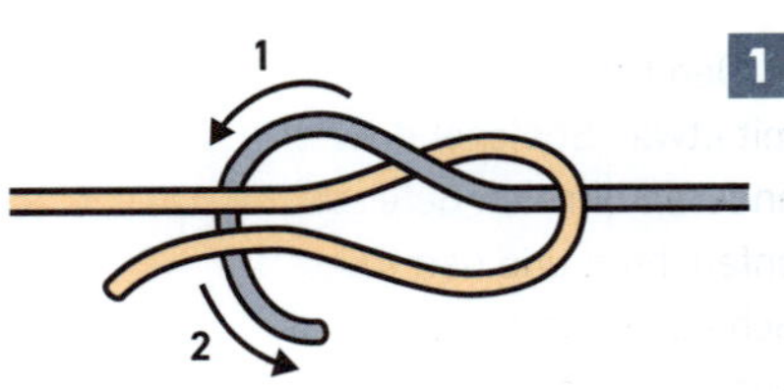

2. Das lose Ende der dünneren Schnur sollte so lang sein, dass es für zehn Umwicklungen um die dickere Schnur reicht. Dabei zur Schleife hin arbeiten.

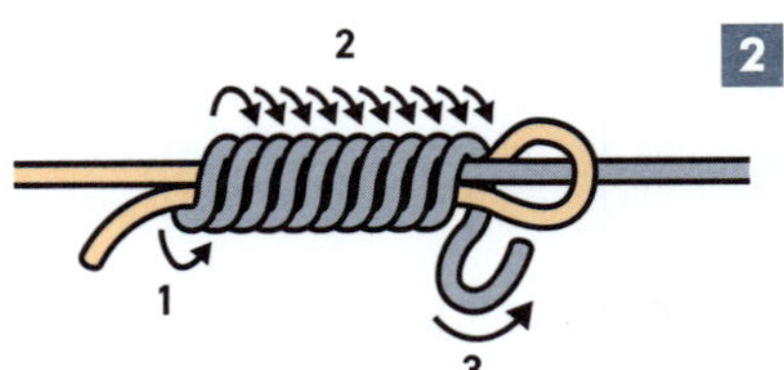

TIPP: EXTRASICHERUNG

Manche Angel-Aficionados sichern diesen Knoten noch mit einem Tropfen Gummizement – ein paar Umwicklungen mehr tun es aber auch.

3. Das lose Ende der dünneren Schnur dann durch die Schleife stecken.

3

4. Den Knoten ausrichten, die Schnur mit etwas Speichel oder einem anderen ölfreien Befeuchtungsmittel anfeuchten und den Knoten zum Schluss festziehen. Die losen Enden abschneiden.

4

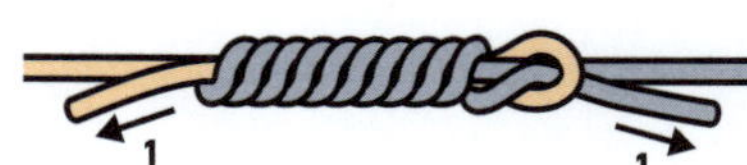

DAFÜR EIGNET SICH DER ALBRIGHTKNOTEN

· Wenn Sie zwei verschiedenartige Angelschnüre miteinander verbinden müssen, ist das Ihr Knoten. Er eignet sich vor allem dann, wenn eine Schnur dick und schwer oder ein Stahlvorfach ist und die andere ein dünner, leichter Einzelfaden.

· Der Knoten ist bei Anglern beliebt, die mit ihm Einzelfadenvorfächer an Schleppangeln aus Draht befestigen.

· Der Knoten verbindet auch Angelschnüre mit Sicherungen.

PALOMAR-KNOTEN

VERBINDET DIE ÖSE EINES HAKENS MIT EINER ANGELSCHNUR

Die Einzelfadenangelschnur ist leicht, robust, verrottungsresistent und für Fische praktisch unsichtbar – allerdings haben diese Vorteile ihren Preis. Knoten, die bei Seil und Strick gut funktionieren, versagen hier. Nicht so jedoch der Palomar-Knoten.

SO WIRD'S GEMACHT

1. Am Ende der Angelschnur eine Schleife formen, diese durch die Öse des Angelhakens fädeln und über sich selbst zurückführen.

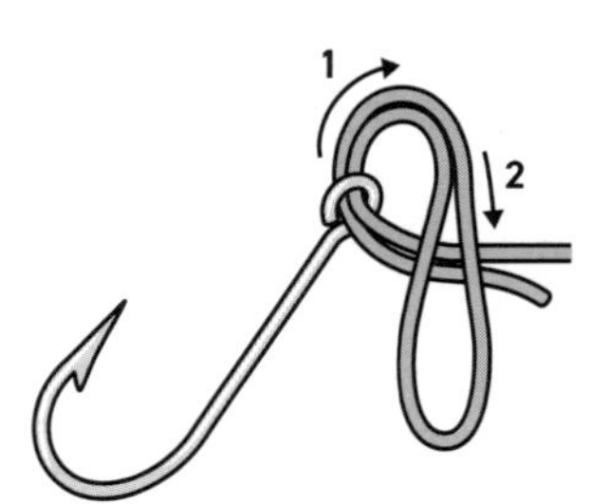

2. Die Schleife anschließend von unten nach oben durch die Doppelschlaufe der Schnur führen; dabei entsteht ein Überhandknoten.

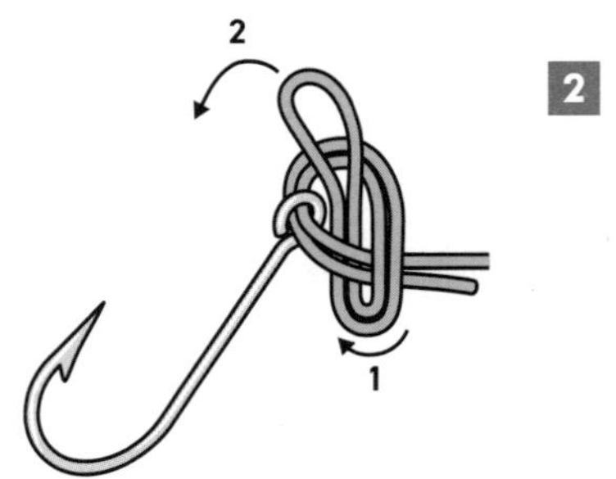

TIPP: FLEXIBLER KNOTEN

Der Knoten eignet sich nicht nur für Einzelfadenangelschnüre, sondern auch für geflochtene Angelschnüre.

3. Nun den Haken durch die Schleife stecken und Letztere wieder über die Öse bringen.

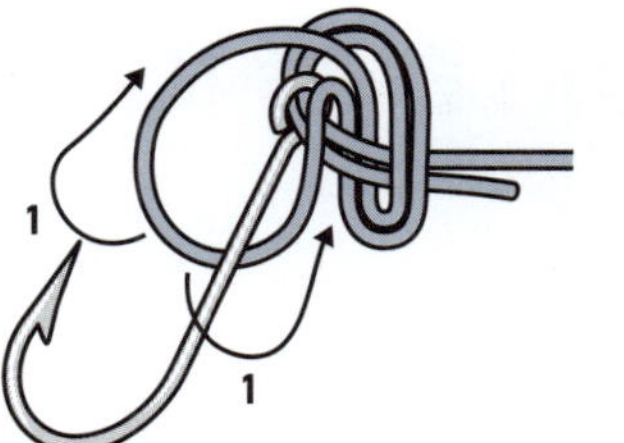

4. Den Knoten leicht anziehen und die Schnur mit etwas Speichel befeuchten.

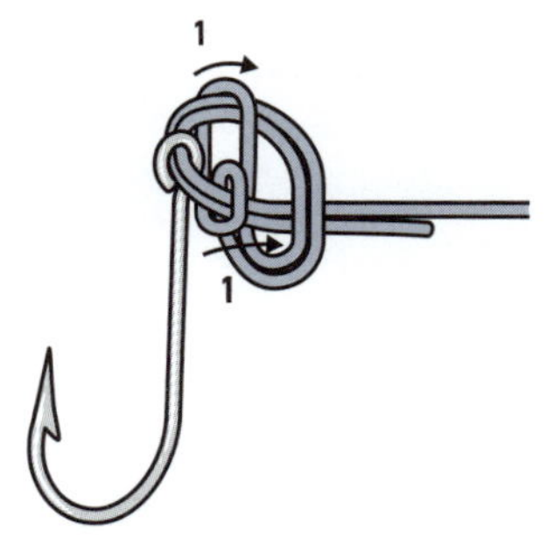

5. Den Knoten durch Ziehen am stehenden Part und losen Ende der Schnur festziehen.

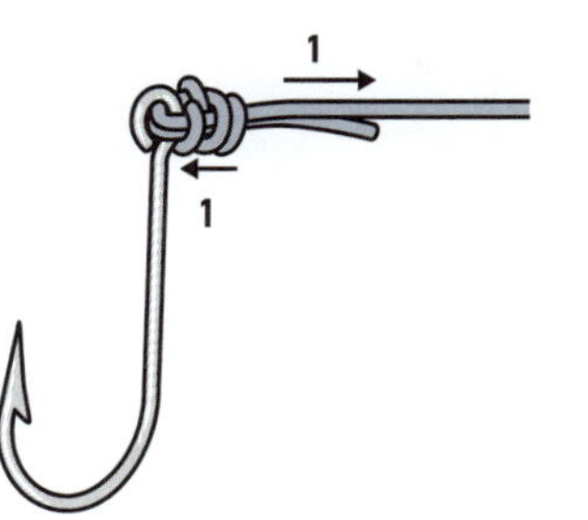

DAFÜR EIGNET SICH DER PALOMAR-KNOTEN

- Man kann den Knoten auch mit einem Seil knüpfen und für andere Zwecke an Land und auf See benutzen, am besten eignet er sich jedoch zum Befestigen der Schnur am Angelhaken.

- Fliegenfischer befestigen mit dem Palomar-Knoten den Köder an der Angelschnur. Dafür muss lediglich die Schleife so groß sein, dass sie den Köder nicht beschädigt.

- Der Knoten verbindet auch andere Schnurarten mit Angelhaken.

TURLE-KNOTEN

VERBINDET EBENFALLS ANGELHAKEN UND ANGELSCHNUR

Dieser Knoten ist nach dem englischen Major William Greer Turle benannt, der im späten 19. Jahrhundert als Angler berühmt war. Unklar ist allerdings, ob er den Knoten erfunden oder lediglich populär gemacht hat. Da sich der Turle-Knoten leicht knüpfen lässt, eignet er sich besonders gut für Anfänger.

SO WIRD'S GEMACHT

1. Das lose Ende der Schnur durch die Öse des Angelhakens führen und dann zwei Schlaufen damit formen, die über den Haken passen. Einen Überhandknoten (siehe S. 20) um die beiden Schlaufen knüpfen.

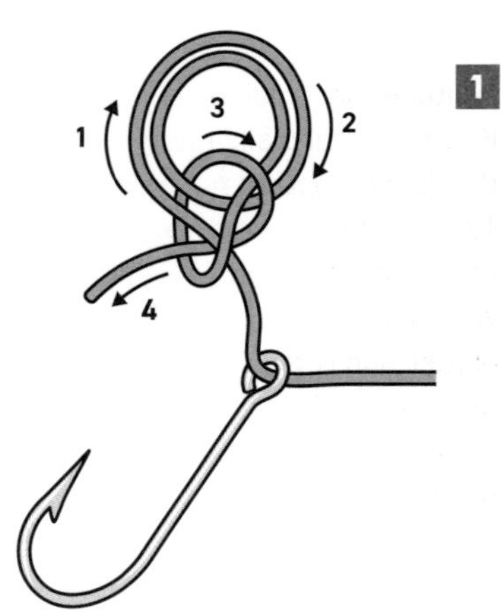

2. Die Schlaufen über den Haken und wieder nach oben führen. Das lose Ende der Schnur durch die Schlaufen stecken und den Knoten leicht anziehen.

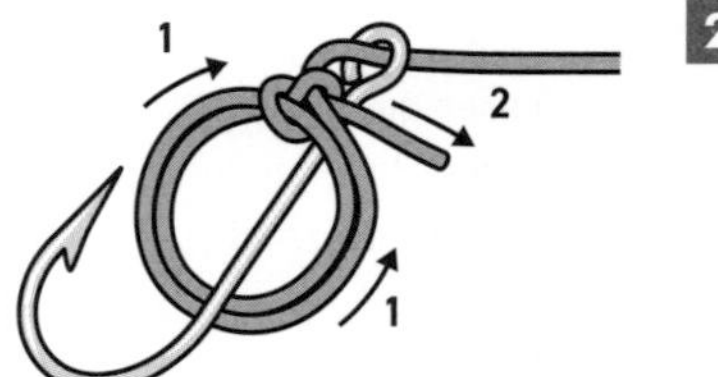

3. Die Schlaufen mit etwas Speichel befeuchten und den Knoten festziehen. Zum Schluss das lose Ende der Schnur kurz schneiden.

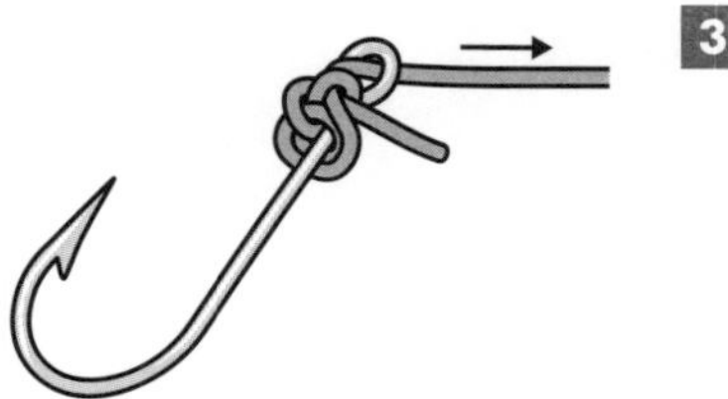

Achtung: Der traditionelle Turle-Knoten bestand aus nur einer Schlaufe. Die dünne, robuste Angelleine aus dem 19. Jahrhundert hatte so viel Halt, dass eine zweite Schlaufe überflüssig war. Heute sind die Angelschnüre viel glatter und rutschiger. Wer trotzdem nur auf eine Schlaufe setzt, riskiert, dass sowohl Haken als auch Fisch baden gehen.

DAFÜR EIGNET SICH DER TURLE-KNOTEN

- Dieser geschichtsträchtige Knoten ist die erste Wahl beim Befestigen des Hakens an der Angelschnur. Er eignet sich für Einzelfaden- und andere Schnüre.

- Man kann damit jede Schnur an einem Haken befestigen.

- Auch beim Befestigen des Ankers oder eines Enterhakens an einem Seil kann man auf den Turle-Knoten zurückgreifen.

BLUTKNOTEN

VERBINDET ZWEI ÄHNLICHE ODER GLEICHE ANGELSCHNÜRE

Der Blutknoten ist bei Anglern außerordentlich beliebt. Mit ihm kann man eine durchtrennte Angelschnur reparieren oder die Angelschnur verlängern, falls dies erforderlich ist.

SO WIRD'S GEMACHT

1. Die beiden Schnüre parallel zueinander halten. Das lose Ende der ersten Schnur fünfmal um die zweite Schnur wickeln, dann zurück- und durch die beiden Schnüre nach unten führen.

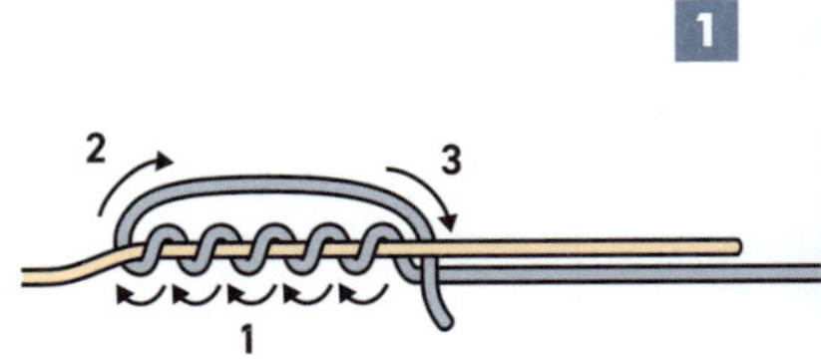

2. Anschließend das lose Ende der zweiten Schnur fünfmal um die erste Schnur wickeln, dann zurück- und durch die beiden Schnüre nach oben führen. Die losen Enden sollten in entgegengesetzte Richtungen zeigen.

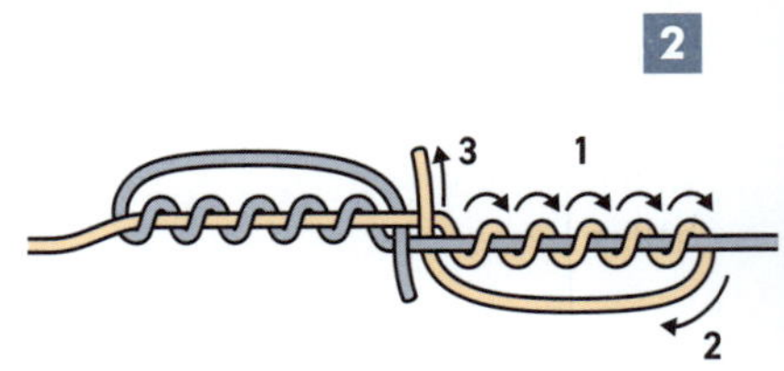

TIPP: BESTE VERWENDUNG

Der schlanke Knoten gleitet mit wenig Widerstand durchs Wasser, hält dafür aber sehr gut. Deshalb ist der Blutknoten die beste Wahl, will man eine abgerissene Angelschnur reparieren.

3. Die Schnüre mit etwas Speichel befeuchten und den Knoten durch Ziehen am stehenden Part der Schnüre in entgegengesetzte Richtungen ausrichten und festziehen. Zum Schluss überschüssige Angelschnur abschneiden.

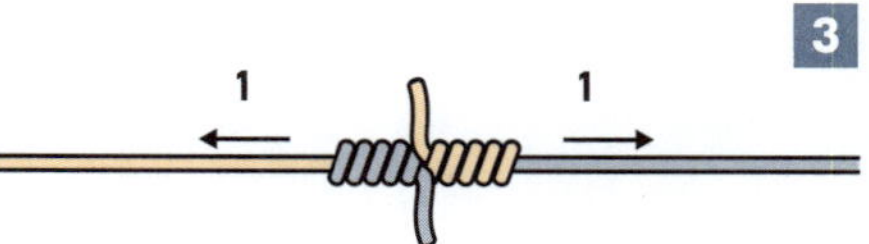

Achtung: Es gibt mehrere Varianten des Blutknotens, die sich in der Anzahl und Richtung der Umwicklungen unterscheiden. Unabhängig davon sollte der fertige Knoten auf jeden Fall symmetrisch sein. Fünf Umwicklungen sind Minimum, sechs oder sieben halten besser.

DAFÜR EIGNET SICH DER BLUTKNOTEN

· Der Blutknoten eignet sich besonders gut zum Verbinden von Einzelfadenschnüren. Er ist auch bei Fliegenfischern sehr beliebt, da Vorfachspitzen schwierig zu knüpfen sind.

CHIRURGENKNOTEN

ROBUSTE SCHLAUFE AM ENDE EINER EINZELFADENSCHNUR

Der Chirurgenknoten ist eine der schnellsten Möglichkeiten, eine sichere Schlaufe in eine rutschige Einzelfadenangelschnur zu knüpfen.

SO WIRD'S GEMACHT

1. Am Ende der Angelschnur eine lange Schleife formen und diese zu einem großen, lockeren Überhandknoten (siehe S. 20) knüpfen.

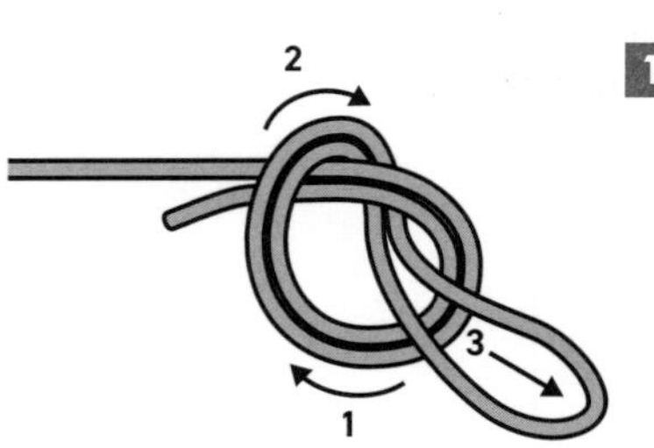

2. Die Schleife außen um den Überhandknoten wickeln und noch einmal durch den Knoten führen.

TIPP: LEICHT ERLERNBAR

Obwohl man für den Chirurgenknoten etwas mehr Schnur als bei anderen Knoten braucht, lässt er sich doch leicht erlernen. Er ist einprägsam und eignet sich besonders für Angelneulinge.

3. Loses Ende und stehenden Part in derselben Hand halten. Um den Knoten festzuziehen, die Schnur mit etwas Speichel befeuchten und die Schleife in eine Richtung und loses Ende sowie stehenden Part in die entgegengesetzte Richtung ziehen.

3

DAFÜR EIGNET SICH DER CHIRURGENKNOTEN

- Mit diesem Knoten lässt sich schnell eine Schlaufe ins Ende der Angelschnur knüpfen.
- Meist wird er genutzt, um Vorfächer an der Angelschnur zu befestigen.
- Der Knoten kann beim Zelten oder auf See auch mit einem Seil oder Strick geknüpft werden.

GORDINGSTEK

VERBINDET DIE ANGELSCHNUR MIT DER SPULE

Dieser Knoten stammt aus der Zeit der großen Segelschiffe und wurde ursprünglich dazu benutzt, um Seile an Segeln zu befestigen. Das kann der Gordingstek auch heute noch, doch verbindet er auch die Angelschnur mit der Spule.

SO WIRD'S GEMACHT

1. Das lose Ende der Angelschnur zunächst um die Spule und dann um den stehenden Part schlingen.

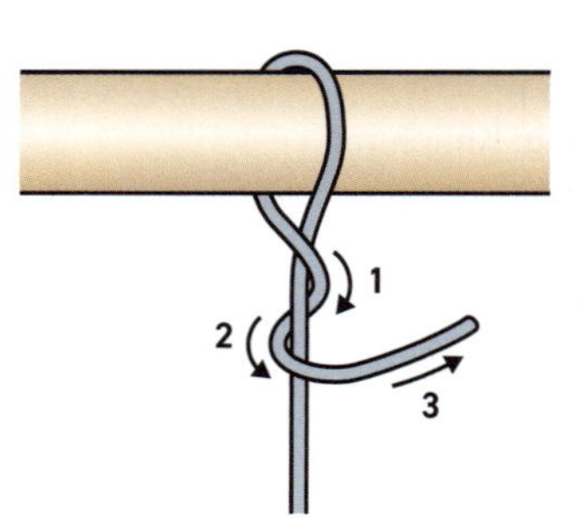

2. Anschließend das lose Ende unten durch die Schlinge führen.

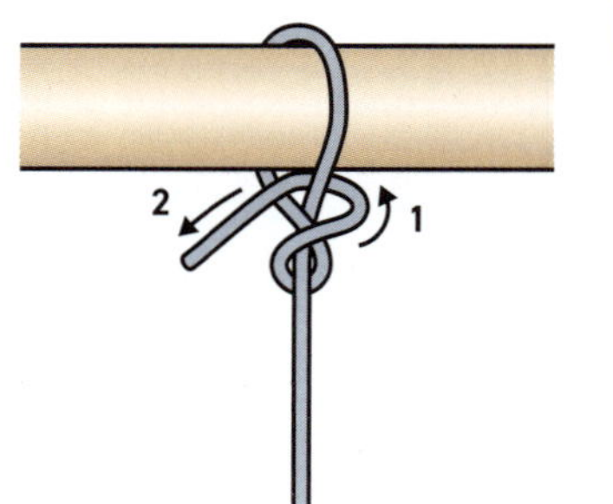

TIPP: KRAWATTENKNOTEN

Ist er in ein Seil geknüpft, würde man es nicht ahnen, doch gibt der Gordingstek tatsächlich einen passablen Krawattenknoten ab. Er ist zwar nicht so massiv und symmetrisch wie ein doppelter Windsorknoten, lässt sich dafür aber leichter binden und wieder lösen.

3. Das lose Ende unter sich selbst hindurchführen und den Knoten ausrichten. Zum Schluss den Knoten durch Ziehen am stehenden Part festziehen.

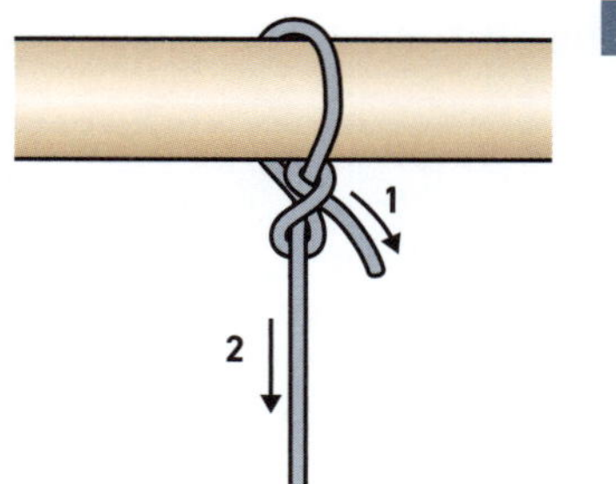

Achtung: Knüpft man ihn mit einer Einzelfadenschnur, ist der Knoten nicht gerade der verlässlichste. Befestigt er die Schnur an der Spule in der Angelrolle, sollte sie nicht ganz abgespult werden, da ein an der Schnur ziehender Fisch den Knoten lösen könnte. Soll die ganze Schnur abgespult werden können, eignet sich ein Verbesserter Clinchknoten (siehe S. 134f.).

DAFÜR EIGNET SICH DER GORDINGSTEK

• Der Gordingstek kann auch mit einem Seil geknüpft werden und so verschiedene Funktionen erfüllen. Man kann damit beispielsweise ein Zelt an Heringen befestigen oder ein Gewicht an das Seil hängen.

SNELL-KNOTEN

VERBINDET EBENFALLS ANGELHAKEN UND ANGELSCHNUR

Den meisten frühen Angelhaken aus Metall fehlte die Öse, die wir heute für selbstverständlich halten, weil es für den Schmied einfach zu schwierig war, ein solch zartes Gebilde zu schmieden. Stattdessen verfügte der Haken über eine kleine, runde, flache Stelle am Ende des Schafts – wie ein flacher Löffel –, an der man mit dem Snell-Knoten wunderbar die Angelschnur befestigen konnte. Der Knoten funktioniert aber auch bei modernen Angelhaken mit Öse.

SO WIRD'S GEMACHT

1. Die Schnur einmal durch die Öse führen. Dann eine große Schlaufe bilden und die Schnur aus der anderen Richtung ein zweites Mal durch die Öse führen.

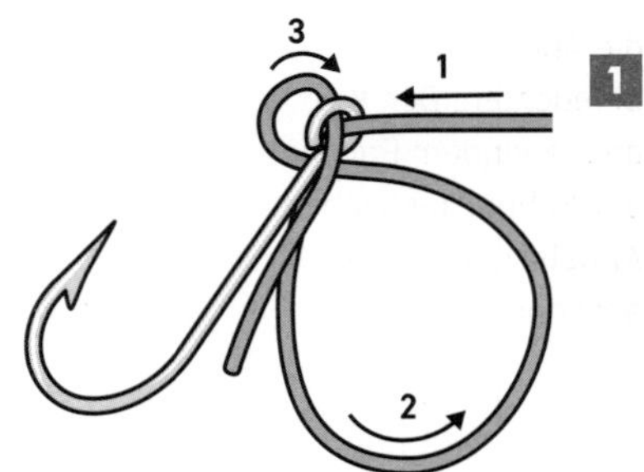

2. Die außen liegende Seite der Schlaufe um den Hakenschaft wickeln.

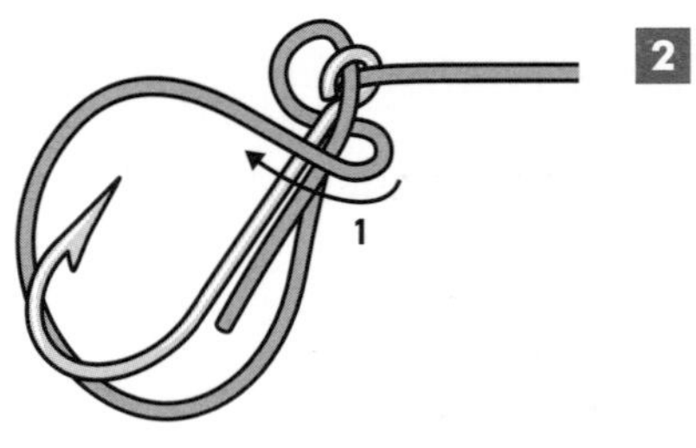

TIPP: EHER UNGEEIGNET

Weniger geeignet ist der Knoten für Angelhaken mit Widerhaken am Schenkel. Durch Letztere sitzt der Köder – etwa Insekten oder kleine Fleischstückchen – zwar besser, doch beschädigen die Widerhaken die Vorfachspitze oder die Angelschnur auch leichter.

3. Insgesamt siebenmal wiederholen und dabei fest fest um den Schaft wickeln.

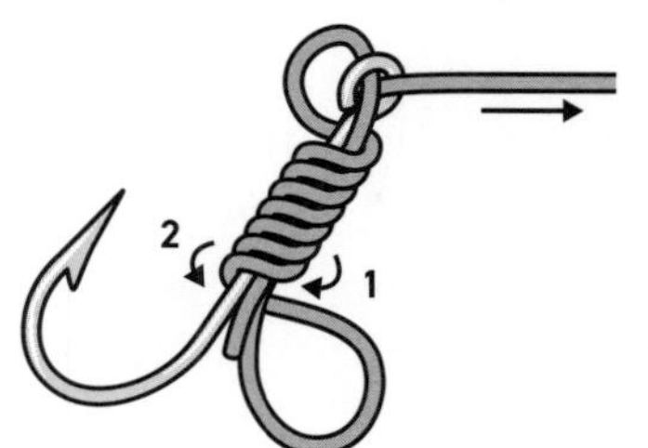

4. Die Umwicklungen ausrichten und die Angelschnur mit etwas Speichel befeuchten. Den Knoten durch Ziehen an stehendem Part und losem Ende der Schnur festziehen. Überschüssige Angelschnur am losen Ende kurz abschneiden.

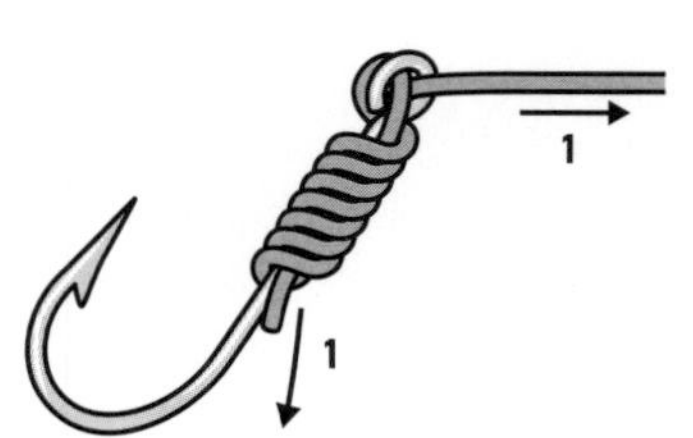

DAFÜR EIGNET SICH DER SNELL-KNOTEN

· Der ursprünglich für ösenlose Haken konzipierte Snell-Knoten befestigt Vorfächer, Vorfachspitzen oder ganz gewöhnliche Einzelfadenangelschnüre ausgezeichnt direkt an einem Angelhaken.

· Mit der robusten Befestigung vermeidet man eine zu große Belastung der Angelschnur, wie sie bei anderen Knoten vorkommt. Außerdem befinden sich Hakenschaft und Schnur bei dieser Befestigung in einer Linie, was wünschenswert ist.

NAGELKNOTEN

VERBINDET ZWEI UNTERSCHIEDLICH DICKE ANGELSCHNÜRE

Ebenso wie der Schotstek zwei unterschiedlich dicke Seile aus unterschiedlichen Materialien miteinander verbindet, verbindet der Nagelknoten zwei unterschiedlich dicke Angelschnüre miteinander. Der Knoten ist vor allem bei Fliegenfischern beliebt, bedarf aber einer Führung, um geknüpft zu werden – z. B. eines kurzen Stücks Plastikstrohhalm.

SO WIRD'S GEMACHT

1. Die Enden der beiden Angelschnüre übereinander- und ein kurzes Stück Strohhalm parallel zu den Schnüren darunterlegen.

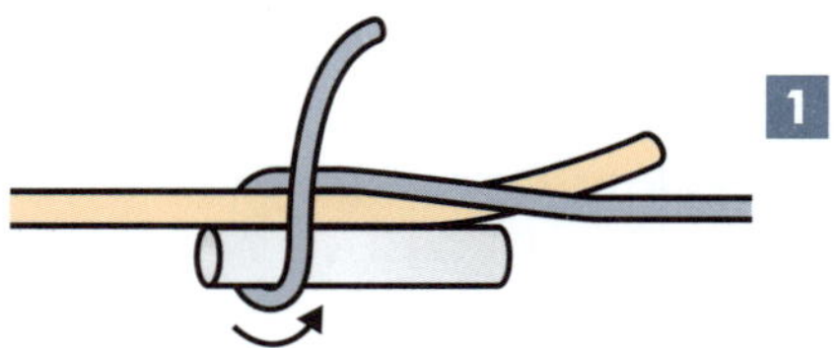

2. Die dünnere Schnur sechsmal fest um die dickere Schnur und den Strohhalm wickeln und anschließend durch den Strohhalm führen. Den Knoten etwas anziehen und den Strohhalm entfernen.

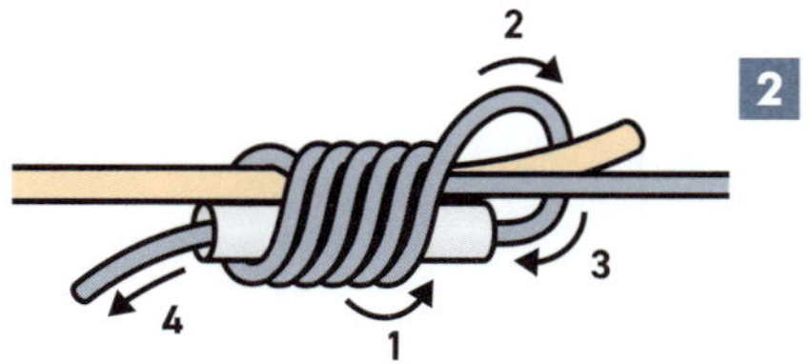

TIPP: KLEINE RÖHRE

Früher haben Angler keinen Strohhalm, sondern einen Nagel verwendet, den sie nach dem Umwickeln herauszogen. Durch die entstandene Lücke konnte dann die Angelschnur gefädelt werden. Heute tut man sich mit einem Strohhalm natürlich viel leichter.

3. Den Knoten mit etwas Speichel befeuchten und durch Ziehen am stehenden Part der beiden Schnüre festziehen. Überschüssige Schnur abschneiden.

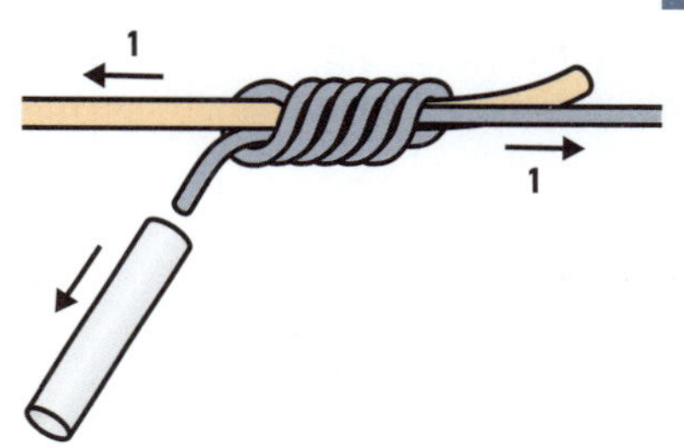

DAFÜR EIGNET SICH DER NAGELKNOTEN

- Verbindet der Knoten eine dicke mit einer dünnen Angelschnur, ist er außerordentlich stabil und flach und lässt sich so leicht durch eine Führung schieben.

- Mit dem Knoten kann man beim Fliegenfischen die Angelschnur an einer schmalen Vorfachspitze befestigen.

VERBESSERTER CLINCHKNOTEN

VERBINDET EINEN ANGELHAKEN MIT EINER EINZELFADENSCHNUR

Ob nun Freizeitangler oder Profifischer: Arbeitet man mit rutschigen Einzelfadenangelschnüren, muss man diesen Knoten kennen!

SO WIRD'S GEMACHT

1. Das lose Ende der Angelschnur durch die Angelhakenöse fädeln (oder um einen Gegenstand schlingen). Anschließend fünfmal um den stehenden Part wickeln und dann durch die Schlinge, die der Öse oder dem Gegenstand am nächsten ist, führen.

1

2

3

1

4

TIPP: WENIGER UMWICKLUNGEN

Der Knoten lässt sich mit dickeren Schnüren schwerer knüpfen. Dann muss man die Umwicklungen auf vier reduzieren. Für sehr dicke Angelschnüre empfehlen sich andere Knoten, beispielsweise der Palomar-Knoten (siehe S. 120f.).

2. Das lose Ende zwischen Umwicklungen und äußerer Schlinge hindurchführen.

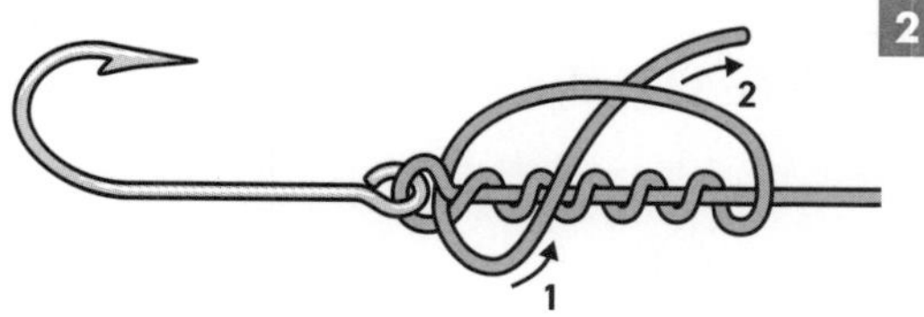

3. Die Angelschnur mit etwas Speichel befeuchten und den Knoten durch Ziehen am stehenden Part der Schnur festziehen. Überschüssige Schnur am losen Ende abschneiden.

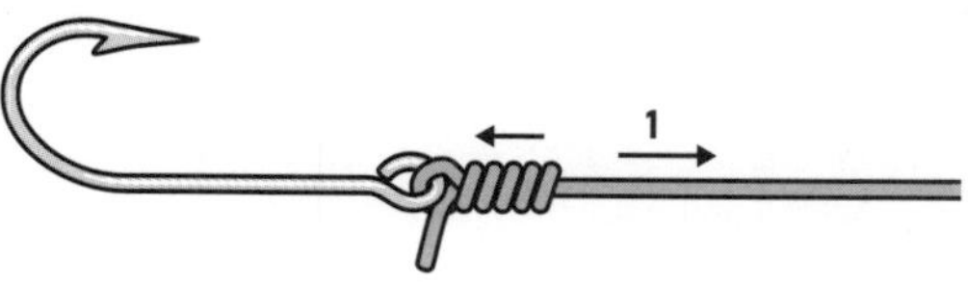

DAFÜR EIGNET SICH DER VERBESSERTE CLINCHKNOTEN

· Dieser vielseitige Knoten befestigt Einzelfadenangelschnüre an Rollen, Haken und fast allem anderen.

· Mit zwei Verbesserten Clinchknoten können auch zwei getrennte Einzelfadenangelschnüre aneinander befestigt werden.

· Der Verbesserte Clinchknoten kommt auch zum Einsatz, wenn man die Angelschnur an Vorfächern, Drehgelenken oder Ködern befestigen will.

MIT KNOTEN ARBEITEN 1

DER TAKLING

Der Takling mit einer dünnen Schnur verhindert, dass sich dicke Seile aufdröseln, nachdem sie durchgeschnitten wurden.

SO WIRD'S GEMACHT

1. Mit der Schnur am Seil eine Schleife legen; die Kurve der Schleife befindet sich am abgeschnittenen Ende des Seils.

2. Den stehenden Part der Schnur nun sowohl um die Schnurschleife als auch um das Seil wickeln.

3. Weiterwickeln, bis das Ende des abgeschnittenen Seils erreicht ist.

4. Das Ende der Schnur durch die Schleife führen und am entgegengesetzten Ende ziehen, um die Schleife unter den Umwicklungen verschwinden zu lassen. Zum Schluss die Enden der Schnur kurz abschneiden.

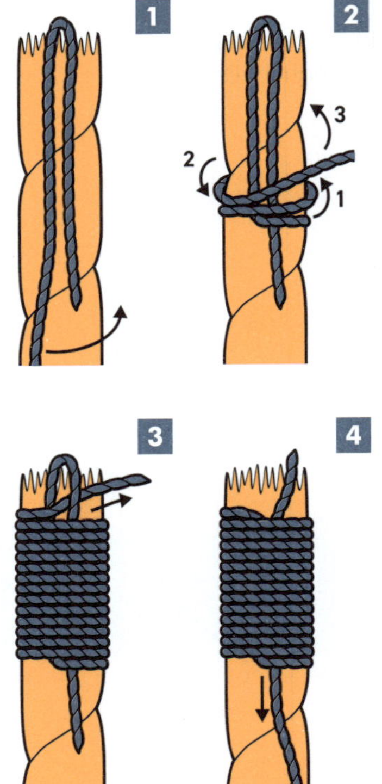

MIT KNOTEN ARBEITEN 2

EIN DÖRRGESTELL BAUEN

Aus drei Stöcken und ein paar Stricken lässt sich ganz wunderbar ein stabiles Dreibein (siehe auch S. 64f.) errichten, das man für viele Zwecke benutzen kann. Beispielsweise kann man es auch als Dörrgestell verwenden, auf dem aus gesalzenem Fleisch im Rauch eines Feuers köstliches und haltbares Dörrfleisch wird. Selbst auf einem kleinen Gestell kann man jede Menge Fleisch unterbringen, außerdem ist das Gestell beweglich: Dreht sich der Wind, kann es einfach verschoben werden.

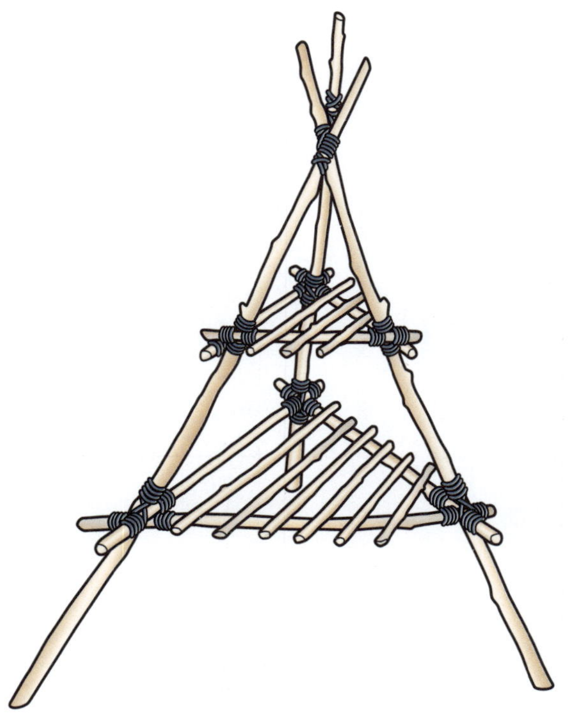

MIT KNOTEN ARBEITEN 3

EIN NETZ KNÜPFEN

Seit Tausenden von Jahren werden Netze dazu benutzt, um Vögel, Fische und andere Tiere zu fangen. Was auf den ersten Blick kompliziert aussieht, erfordert eigentlich nur etwas Geduld – und ziemlich viel Strick oder Schnur. Zunächst wird ein Seil zwischen zwei Pfosten oder Bäumen befestigt. Dann hängt man eine beliebige Anzahl Schnüre mittels Prusikknoten (siehe S. 98f.) oder Ankerstich (siehe S. 46f.) daran, befestigt eine Führschnur unterhalb des Seils, damit die Knoten gleichmäßig gesetzt werden, und knüpft benachbarte Schnüre mittels Überhandknoten (siehe S. 20) zusammen.

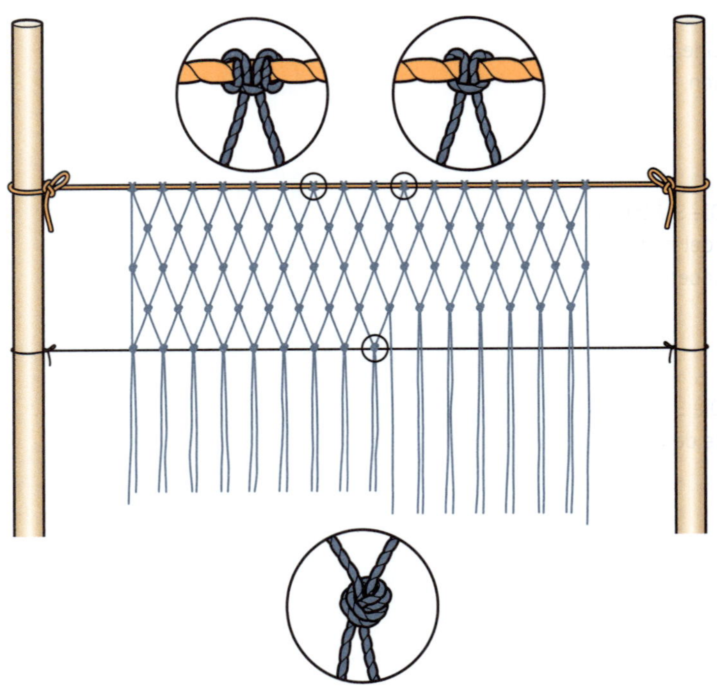

MIT KNOTEN ARBEITEN 4

DAS SEIL BÜNDELN

Ob kurz, lang, dünn oder dick – Seile, Schnüre und Stricke gehören beim Transport und bei der Lagerung gebündelt. Braucht man das Seil vorerst nicht mehr, ist es Zeit, es ordentlich aufzuräumen.

SO WIRD'S GEMACHT

1. Das Seil oder den Strick oval aufwickeln und das Ende des Seils oder Stricks mehrmals herumwickeln.

2. Eine Seilschleife durch das Bündel ziehen.

3. Die Schleife öffnen und über das Bündel neben die Umwicklungen schieben.

4. Die Schleife durch Ziehen am losen Ende des Seils oder Stricks festziehen.

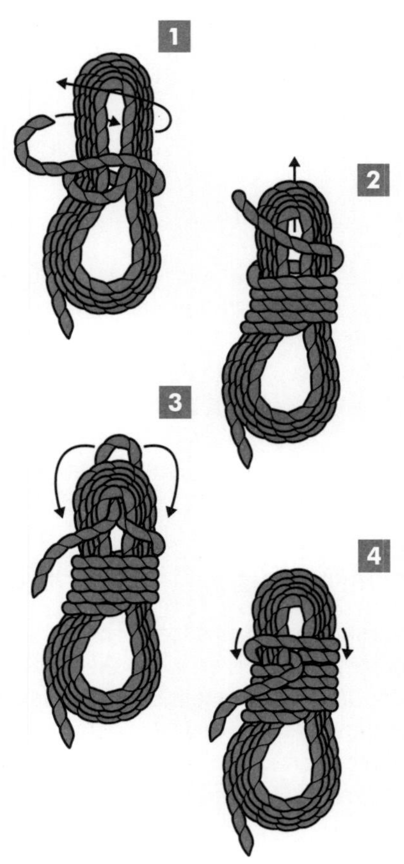

KNOTEN LÖSEN

Sie haben alles richtig gemacht, und Ihr Knoten war in Höchstform. Er hat perfekt gehalten und getan, was er sollte. Doch ist die Sache damit auch wirklich erledigt? Nicht ganz ...

Den Knoten zu knüpfen ist das eine – ihn wieder zu lösen das andere. Und das kann schwieriger sein, als Sie denken, insbesondere dann, wenn der Knoten unter einer großen Belastung stand und er sich deshalb zu einem steinharten Knäuel zusammengeballt hat. Zum Glück gibt es ein paar Tricks, die Ihnen jetzt helfen.

SEHEN SIE SICH DEN KNOTEN GENAU AN

Der erste Schritt beim Lösen eines Knotens besteht darin, ihn genau unter die Lupe zu nehmen, um zu erkennen, um welche Art von Knoten es sich handelt. Kennen Sie den Knoten gut, erinnern Sie sich wahrscheinlich auch an den letzten Schritt beim Knüpfen und können so den Weg »rückwärts« gehen. Geht das nicht und wissen Sie nicht, welchen Knoten Sie da vor sich haben, suchen Sie nach dem losen Ende des Seils. Haben Sie es gefunden, können Sie zum nächsten Schritt übergehen.

SCHIEBEN SIE DAS SEIL GEDREHT WIEDER IN DEN KNOTEN

Versuchen Sie, das lose Ende in den Knoten zurückzuschieben. Das geht meist leichter, wenn Sie diesen Abschnitt des Seils fest drehen. Die Drehung versteift das Seil, wodurch Sie kräftiger schieben können. Mit etwas Glück wird das gedrehte Seil in den Knoten zurückrutschen und diesen lösen. Ist das der Fall, können Sie den Knoten anschließend einfach »auseinanderpflücken«.

KLOPFEN SIE AUF DEN KNOTEN

War der Knoten nicht zu stark belastet, gibt es einen weiteren simplen Trick, ihn zu lösen. Klopfen Sie mit einem schweren Löffel oder einem Stock mehrmals darauf. Ist der Knoten in Gebrauch, können heftige Bewegungen dazu führen, dass er sich löst – warum sollte das nicht auch funktionieren, wenn er nicht mehr in Gebrauch ist? Sie müssen dabei nicht mit aller Kraft gegen den Knoten schlagen; legen Sie ihn einfach auf eine glatte, harte Oberfläche und klopfen Sie ein paar Mal darauf. Nach jedem Klopfen drehen Sie den Knoten. Haben Sie ausreichend geklopft, wird sich der Knoten lockern und schließlich auch lösen lassen. Ist das noch nicht der Fall, versuchen Sie es mit dem vorher beschriebenen Schritt: Das lose Ende des Seils drehen und in den nun gelockerten Knoten zurückschieben.

LOCKERN SIE DEN KNOTEN MIT EINEM GEGENSTAND

Hat sich ein Knoten unter der Belastung derart gefestigt, dass die einzige Möglichkeit, ihn zu lösen, darin zu bestehen scheint, das Messer oder die Schere herauszuholen, gibt es noch einen letzten Trick, mit dem Sie es versuchen sollten: den Knoten mit einem Gegenstand zu lockern. Alte Seemannsmesser waren zu diesem Zweck mit einem außerordentlich praktischen Marlspieker versehen, doch ist dies nicht das einzige Werkzeug, das Sie benutzen können. Ein gewöhnlicher Korkenzieher, eine kräftige Segeltuchnadel, ein spitz zulaufender Stab oder ein Stift oder jeder andere schmale, robuste Gegenstand tut es auch. Er sollte nur nicht so spitz und scharfkantig sein, dass er das Seil beschädigt. Suchen Sie sich zunächst eine kleine Lücke im Knoten, idealerweise nah am losen Ende des Seils. Schieben Sie den Gegenstand hinein und bewegen Sie ihn im Kreis. Machen Sie die Kreise allmählich immer größer, bis Sie merken, dass sich der Knoten lockert. Wiederholen Sie dies falls nötig an anderen Stellen des Knotens. Haben Sie auch damit keinen Erfolg, bleibt Ihnen nur eins: Messer oder Schere zu zücken.

REGISTER

ÜBER DEN AUTOR

Tim MacWelch wuchs auf einer Farm in den Piedmont Hills in Virginia auf und entwickelte schon früh eine Liebe zur Natur. Bereits als Teenager beschäftigte er sich intensiv mit der Kunst des Überlebens in der Wildnis. 1997 gründete er die Earth Connection School of Wilderness Survival, die es bis ins »Condé Nast Traveller Magazine« und in die »Washington Post« schaffte. Tim selbst war schon in verschiedenen Berichten von »National Geographic«, »Good Morning America« und vielen anderen US-amerikanischen Nachrichtensendern zu sehen.

Zudem hat Tim bislang sieben Outdoor-Survival-Bücher verfasst, drei von ihnen standen auf der »New York Times«-Bestsellerliste. Darüber hinaus schreibt er regelmäßig für »Survival Dispatch«, das »Outdoor Life Magazine« und das »OFFGRID Magazine«.

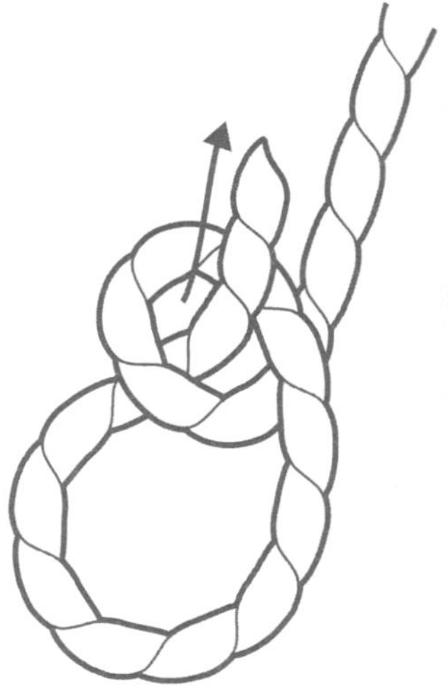